VIRUS

FERRAN RAMON-CORTÉS

VIRUS

Un relato sobre el peligro
de los rumores
en las organizaciones

RBA nuevaempresa

Virus

Título original: Virus
Autor: Ferran Ramon-Cortés
Traducción: Joan Ramon-Cortés
Diseño de cubierta: Opalworks
Compaginación: David Anglès

Pérez Galdós, 36 – 08012 Barcelona
www.rbalibros.com / rba-libros@rba.es

Primera edición: febrero 2007

Ref. OALR124
ISBN-10: 84-7871-884-2
ISBN-13: 978-84-7871-884-9
Depósito legal: B.3583-2007
Impreso por Novagràfik (Barcelona)

Índice

Preámbulo 11

Capítulo 1. La sospecha 19

Capítulo 2. La confirmación 31

Capítulo 3. El virus 47

Capítulo 4. La cadena de contagio 67

Capítulo 5. Romper la cadena 87

Capítulo 6. El control de la epidemia 103

Capítulo 7. La vacuna 119

Epílogo 133

Agradecimientos 141

Al pequeño Max.

Ésta es una obra de ficción. La epidemia que se describe y el virus que la provoca no son reales, como tampoco lo es la intervención del CDC tal y como se explica en el relato. Cualquier analogía con la realidad es mera coincidencia.

Preámbulo

El martes 6 de mayo de 2003, Stephen Miles, ciudadano norteamericano, aterrizaba en el aeropuerto internacional H. S. Truman de la isla de St. Thomas procedente de Atlanta. Una vez allí, se dirigió en taxi al puerto de Charlotte Amalie, la capital, donde un ferry privado le esperaba para trasladarlo al hotel Caneel Bay, en la vecina isla de St. John. Empezaban para él unas merecidas vacaciones en las islas Vírgenes Americanas, después de siete meses de intensa labor en Brasil, donde había estado trabajando para una ONG en un proyecto de cooperación. Ingeniero de profesión, sentía especial admiración por la labor que desarrollaban las organizaciones no gubernamentales en los países en vías de desarrollo. Por ello, a sus treinta y siete años, y después de más de diez de carrera profesional, había decidido hacer una pausa y tomarse un año sabático para cumplir un viejo sueño: poner sus conocimientos y su experiencia al servicio de una de estas organizaciones.

Después de treinta y cinco minutos de travesía en ferry, llegó al embarcadero del hotel. Inmediatamente se quedó impresionado por el lujo y las dimensiones de las instalaciones del complejo. Un conjunto de edificaciones de una sola planta, entre las que sólo destacaba ligeramente el pabellón central, que alojaba la recepción y las oficinas, quedaba perfectamente integrado en un inmenso jardín tropical, con abundantes flores de múltiples colores. Todo parecía seguir un orden perfecto. Acompañado por personal del hotel, Stephen se dirigió a la recepción mientras observaba el entorno; la mano humana había conseguido construir un jardín absolutamente exuberante pero que, lejos de abrumar, invitaba a entretenerse observando su belleza y su generosidad.

Tenía reservada una habitación con vistas al mar, a orillas de Little Caneel Beach, una de las playas privadas del hotel. Era una habitación amplia, con paredes de piedra natural autóctona, mobiliario de madera tropical y un amplio ventanal que le permitía contemplar el magnífico paisaje. Un gran ventilador en el techo acababa de darle el aire caribeño a la estancia. Aquel lujoso entorno contrastaba radicalmente con las condiciones en las que había vivido durante los últimos meses, y suponía también una gran sorpresa. Una sorpresa que había organizado cuidadosamente su compañera Carol.

Abogada de prestigio, Carol era una trabajadora incansable que se entregaba catorce horas diarias a su profesión. Desde el primer momento había simpatizado con la idea de Stephen de viajar a Brasil como cooperante. Sin embargo, siete meses separados era mucho tiempo y la añoranza le había empujado a organizar aquel reencuentro tan especial. Se reuniría con él a la mañana siguiente, procedente de Boston, donde trabajaba y donde ambos residían habitualmente.

En cuanto se instaló en la habitación, Stephen encontró una carta del director del hotel invitándole a la tradicional recepción de bienvenida, en la terraza principal. La cita era a las cinco de la tarde. Tenía ganas de asistir, y como sólo eran las doce del mediodía, pensó que aún disponía de tiempo suficiente para descansar un poco y salir luego a investigar una parte de las sesenta y ocho hectáreas del complejo hotelero que incluían, además de las ciento sesenta y seis habitaciones, siete playas privadas, dos centros de reuniones, tres restaurantes, un centro de salud y bienestar, e incluso un antiguo molino de azúcar construido en 1870.

Así pues, lo primero que hizo fue tumbarse un rato sobre la enorme cama para recuperarse del cansancio del viaje. Estaba realmente agotado. Los vuelos, las esperas en los aeropuertos, y las numerosas conexiones y traslados que había tenido que hacer para llegar a St. John desde São Félix do Araguaia, una pequeña ciudad del estado brasileño de Mato Grosso, le habían resultado extenuantes. A los pocos minutos se durmió.

Pasadas las cuatro de la tarde, se despertó de repente. Estaba empapado en sudor y, aunque había dormido más de cuatro horas, todavía se sentía agotado. Recordó la recepción de bienvenida. Era tarde. Se levantó rápidamente, se duchó y se vistió.

Piña colada en mano, pudo conocer al director del hotel, quien le presentó a algunos huéspedes. Enseguida congenió con un matrimonio norteamericano que se alojaba en el hotel desde hacía unos días. Al saber que estaba solo, le ofrecieron compartir mesa durante la cena. Aceptó, advirtiéndoles que se retiraría pronto, pues estaba muy cansado.

Sus anfitriones, Alan y Susan Rees, resultaron ser una pareja encantadora, muy abierta y sociable. Pasaron una agradable velada durante la cual él les explicó con todo detalle la experiencia vivida en Mato Grosso, una zona muy pobre donde sus conocimientos de ingeniería le habían permitido planificar y supervisar algunos proyectos importantes para el futuro desarrollo de la zona. El matrimonio, que rondaba los cincuenta años y estaba en el complejo celebrando una segunda luna de miel, se mostró muy interesado en sus explicaciones y le hablaron de iniciativas similares que llevaba a cabo una ONG de su ciudad, Los Ángeles. A la hora del café, otros huéspedes conocidos de Alan y Susan se añadieron a la tertulia y, a pesar de las intenciones de Stephen de retirarse pronto, terminaron la velada pasada la una de la madrugada.

A la mañana siguiente, y en el mismo ferry en el que él había viajado desde St. Thomas, tenía que llegar Carol. Stephen la esperaba desde hacía un buen rato en el embarcadero del hotel. Nunca habían estado tanto tiempo separados. Stephen intentaba recrear mentalmente su cara, y le resultaba extrañamente difícil. Sin embargo, recordaba perfectamente su manera de reír, una risa franca y alegre que podía reproducir mentalmente a pesar del tiempo que hacía que no la veía... Finalmente, llegó el barco.

Sin poder decirse ni media palabra, se abrazaron con todas sus fuerzas.

Y Stephen ya no dejó de abrazarla en todo el paseo a través del jardín hasta la habitación. Una vez allí, una camarera les trajo un té. Intercambiaron con ella algunas palabras cordiales que les hicieron aterrizar y volver un poco a la realidad. Cuando se marchó, y conscientes de que disponían de mucho tiempo por delante, empezaron a hablar a medias, entre miradas que evidenciaban la mutua emoción. La tarde transcurrió lentamente, ellos dos solos, y el resto del mundo fuera.

Al atardecer, Stephen llamó para reservar mesa en el Turtle Bay Estate House, el restaurante más emblemático y romántico del hotel. Durante la cena, ahora sí, se pusieron al día de todo lo que les había sucedido en aquellos siete meses de vida separados, repasaron conversaciones precipitadas que habían mantenido por teléfono, compartieron lo que había supuesto para cada uno de ellos la experiencia de vivir tan lejos el uno del otro. Una experiencia que, como ambos manifestaron de manera clara, no tenían ninguna intención de repetir.

Al día siguiente, la emoción del reencuentro dio paso a un intenso deseo de disfrutar de aquellas vacaciones juntos. El hotel les ofrecía actividades de todo tipo. Carol tenía muchas ganas de probar la inmersión. A Stephen le pareció bien; difícilmente encontrarían un lugar más tentador: la isla estaba rodeada de arrecifes de coral.

Durante la mañana participaron en el cursillo de iniciación en la piscina del hotel con ocho huéspedes más. Por parejas, los participantes se colocaban las dos botellas de prácticas y se lanzaban a la piscina para ensayar el funcionamiento del equipo, y familiarizarse con él para evitar sorpresas desagradables en el mar. Después de comer llegó la hora de la verdad. Carol estaba radiante y emocionada ante su primera inmersión.

Ambos se quedaron fascinados por lo que vieron —corales, peces tropicales, estrellas de mar, algas de formas sorprendentes— y por la sensación de paz y serenidad que pudieron sentir a sólo cinco metros de profundidad. Decidieron que tan pronto como pudieran repetirían la maravillosa experiencia de sentir el silencio del mar, adentrarse en la tenue luz que llegaba amortiguada por la gruesa capa de agua, y sentir la sensación de ingravidez de sus cuerpos.

Pero a la mañana siguiente Carol se levantó con una ligera sensación de mareo. La expresión radiante del día anterior había desaparecido. Stephen se percató de que le pasaba algo. Llegaron a la conclusión de que el malestar se debía a la larga inmersión del día anterior y decidieron tomarse esa jornada con más calma: pidieron que les sirvieran el desayuno en la habitación y pasaron el resto del día en la playa que tenían a diez metros escasos.

Al atardecer, y dada la insistencia de Carol en hacer vida normal a pesar del malestar, Stephen le sugirió ir al

Caneel Bay Terrace, el restaurante donde había cenado la noche de su llegada y donde quizás encontrarían a Alan y Susan, el matrimonio norteamericano. «Te encantarán —le dijo a Carol—. Son gente especial. Divertidos y muy abiertos. Fueron muy amables al invitarme a cenar con ellos la primera noche y la verdad es que me encontré muy a gusto. Fue como si fuesen viejos conocidos.» Llegaron al restaurante y no les vieron. «Cenaremos solos, que también me apetece», dijo Carol. Pero cuando iba a sentarse a cenar, notó que algo no iba bien. Un sudor frío le recorría el cuerpo desde la nuca hasta las piernas. Se sentía muy mareada. Se esforzó en aguantar y escuchar lo que Stephen le contaba, pero sin decir prácticamente nada ni probar la cena.

De vez en cuando él le preguntaba si todo iba bien, y Carol le respondía que no se preocupara, que aquel malestar ya se le pasaría. Sin embargo, cuando sirvieron los postres, ya no pudo más. Se levantaron y se disponían a ir hacia la habitación cuando de repente, ella notó que la cabeza le daba vueltas. Sin haber dado ni dos pasos, cayó desmayada.

Su siguiente recuerdo era ya en la habitación del hotel, con el médico visitándola. Stephen, alarmado, había mandado avisarle enseguida. Tenía una fiebre altísima, y un fuerte dolor de cabeza. Tenía dolorida la musculatura de todo el cuerpo y se sentía muy débil. El médico le administró algunos antitérmicos y dio instrucciones a Stephen para que le hiciera beber mucho líquido. Le dijo que le llamara inmediatamente si se producía algún cambio.

El estado de Carol era preocupante. Tenía síntomas de una enfermedad importante. Pero más preocupante era aún el hecho de que Carol no era la única. Había cuatro huéspedes más con síntomas muy similares…

I

La sospecha

Hotel Caneel Bay, St. John. Islas Vírgenes Americanas
Sábado, 10 de mayo de 2003

A las seis de la mañana Carol continuaba con mucha fiebre. Pasaron toda la mañana encerrados en la habitación, esperando una mejoría que no se producía. A primera hora de la tarde, tuvo los primeros episodios de vómitos. Stephen, asustado, llamó al médico. Puesto que no contestaba, decidió ir a buscarlo. Cuando estaba a punto de entrar en el pabellón central del hotel, oyó desde fuera la voz del doctor que hablaba con alguien. Stephen se detuvo e impulsivamente escuchó lo que decían.

—Jack, con este último ya son ocho los afectados. Todos presentan los mismos síntomas. Me temo que tenemos un grave problema. No es posible que se trate de casos aislados.

Aunque hablaban deliberadamente en voz baja, en el tono del médico se podía percibir su nerviosismo. Al oír sus palabras, Stephen pensó en Carol. Se acercó un poco más. El director pedía al médico la lista de huéspedes afectados.

—Son el señor Parker de la 113; tres miembros de la familia Jones de los apartamentos de Scott Beach; el matrimonio Rees de la 208; Carol Baker de la 309, y Jeffrey, uno de los nuestros. Trabaja en el restaurante.

—¿Tienes alguna idea del origen de todo esto?

—No, los síntomas son demasiado inespecíficos. Por ahora no te puedo decir ni de qué tipo de enfermedad se trata ni cuál es la fuente. Descarto que la infección provenga de una fuente puntual y localizada, porque el grupo de afectados es demasiado disperso. Y estoy casi seguro de que no se trata de una intoxicación alimentaria: habríamos tenido más casos y se habrían producido de golpe. Tal y como se está desarrollando todo, temo que sea alguna cosa mucho más grave, Jack... Mucho más grave y de consecuencias imprevisibles...

Stephen se sobresaltó. Carol estaba sufriendo, al igual que otros huéspedes, una infección grave y desconocida. Y si se desconocía de qué tipo de infección se trataba ¿cómo podían curarla?

El médico hizo una petición urgente al director.

—Jack, esto se nos puede escapar de las manos. Tenemos ya ocho casos bastante graves y estoy seguro de que esto no terminará aquí. Nos encontramos ante un caso excepcional. Tienes que alertar al CDC antes de que todo esto se nos escape de las manos.

—Pero ¿sabes lo que significa? Las repercusiones podrían ser fatales.

—Lo sé, Jack, pero también sé que es nuestra obligación avisarlos. La mía, como médico y la tuya como director del hotel. No te lo pido porque sí, créeme. Necesitamos medios y ayuda urgente.

El médico quería alertar al Centro de Control de Enfermedades de Atlanta, conocido como CDC. Stephen, durante los siete meses de trabajo como cooperante, lo había oído nombrar alguna vez y sabía perfectamente lo que significaba. Sospechaban que se trataba de una epidemia.

Stephen abordó al médico cuando éste salió del pabellón. Le puso al corriente de la evolución de Carol, y el doctor le dio nuevas pautas para la administración de medicación. «Es todo lo que podemos hacer por ahora— le dijo taxativo, para evitar dar más explicaciones—. Pero no se preocupe. El director se dispone en estos momentos a solicitar la ayuda necesaria», añadió. Stephen le retuvo. No estaba dispuesto a dejarle ir así como así.

—Oiga, no he podido evitar oír que se teme por la vida de los enfermos. ¿Por qué no se les evacua?

El médico miró fijamente a Stephen a los ojos.

—No. No sería una buena idea en estos momentos.

Stephen no bajó la mirada, quería más información.

—De acuerdo. Mire, sospechamos que estamos sufriendo un brote epidémico. Si se confirmase, evacuar a los enfermos podría ser totalmente contraproducente. La epidemia podría extenderse sin remedio.

—¿Y qué piensan hacer entonces? —inquirió Stephen.

—Ya estamos tomando las medidas oportunas para estos casos. Créame, en pocas horas tendremos a nuestra disposición todos los recursos que necesitamos. Pero, por favor, hasta que lleguen, debo pedirle que sea discreto. No hable de ello con nadie. No podríamos controlar una reacción de pánico.

El médico no añadió nada más. Sonaba su teléfono móvil. Dio media vuelta para volver a entrar en el pabellón central mientras respondía a la llamada. Stephen estaba seguro de que el médico tenía nuevos casos a la vista. La situación pintaba mal. Decidió que, de momento, no le diría nada a Carol para no preocuparla.

Vuelo Lufthansa 8355 Barcelona-Düsseldorf
Lunes, 12 de mayo de 2003

No me gusta volar. Lo hago por absoluta necesidad y lo paso fatal. Aquella mañana viajaba a Düsseldorf, un trayecto que realizo habitualmente para visitar a uno de mis principales clientes. Sentado en la butaca del avión, mientras intentaba distraerme para no pensar en el vuelo, recordé la conversación que había mantenido con Alberto la noche anterior. Me había llamado a media tarde proponiéndome cenar juntos. «Tengo problemas —me había dicho—. Me gustaría comentártelos.»

Alberto y yo somos viejos amigos. Nos conocimos en la universidad y hemos mantenido el contacto a lo largo de los años. Nos reunimos de vez en cuando para contarnos nuestras historias. Él, las de la empresa que dirige: la filial española de una multinacional americana, y yo las de la agencia de publicidad donde trabajo desde hace dieciocho años.

Alberto estaba realmente preocupado. Durante la cena, me lo explicó:

—Se va Pablo. Y es la segunda baja que tengo en sólo dos días.

—¿No has podido retenerle? —le pregunté.

—No y créeme que lo he intentado. Pablo era una pieza clave del equipo. Pierdo un muy buen profesional y una gran persona. Pero todos los esfuerzos que he hecho para retenerle han sido inútiles.

—¿Y qué motivo te ha dado?

—Que ya no está a gusto en la empresa.

—¿Y ya está?

—Sí, así de claro. Cree que se ha perdido la confianza entre la gente. Me ha dicho textualmente que «el ambiente es irrespirable».

—¿Y tú qué piensas de ello?

—Me preocupa. Y no sólo por el hecho de irse. Me preocupa porque el motivo es exactamente el mismo que, con otras palabras, me dio Silvia hace dos días, cuando me anunció que nos dejaba.

Dos bajas en dos días y por el mismo motivo...

Y era un motivo muy extraño; la empresa siempre había tenido fama de ser una organización con muy buen ambiente. Había habido muy buena comunicación entre la gente, y un clima de absoluta confianza. Ésta había sido, probablemente, la clave de la fidelidad de sus empleados, y de su buen funcionamiento como empresa. Lo que les estaba pasando resultaba desconcertante.

Preguntó a Alberto si compartía la opinión de Pablo, si realmente había mal ambiente. Él me respondió:

—Algo hay, lo noto, aunque Pablo me acusó de no haberme dado cuenta. Hemos tenido algunos conflictos. Ninguno suficientemente importante como para hacer saltar la alarma. De todas formas, por lo que se ve, podrían estar haciendo más daño del que había imaginado.

—¿Y a qué crees que se deben estos conflictos?

—No lo sé. Últimamente circulan informaciones tendenciosas, incluso malintencionadas. Hay malentendidos. La comunicación no fluye como antes.

De las palabras de Alberto se deducía que un malestar creciente se estaba apoderando de su empresa. Y ya sufría sus primeras consecuencias: dos bajas en dos días.

Sentado en el avión, a diez mil metros de altura, pensaba en todo ello al mismo tiempo que ojeaba el periódico mecánicamente. Los nervios del vuelo, como siempre, me pasaban factura. De repente, una pequeña noticia hizo que me detuviera. Me llamó la atención que el titular nombrase St. John, una maravillosa isla del Caribe que yo conocía. Había pasado allí, hacía casi quince años, mi luna de miel, y guardaba un recuerdo fantástico de aquella pequeña isla que forma parte de las islas Vírgenes Americanas. Un pequeño paraíso de treinta kilómetros cuadrados, dos tercios de los cuales eran parque natural. En cuanto vi impreso el nombre de St. John, me vinieron a la memoria un montón de imágenes: playas desiertas de arena blanca y aguas turquesas, extraordinarias puestas de sol en cielos de tormenta... Sin embargo, la información que recogía la noticia no era, ni mucho menos, tan idílica. Decía:

Sospecha de epidemia en la isla de St. John
Una extraña enfermedad, probablemente infecciosa, se ha desatado en el complejo hotelero de Caneel Bay en St. John, la menor de las islas Vírgenes Americanas.

Aquello acabó de sumergirme en un escenario que me era totalmente familiar: el hotel Caneel Bay, el mismo hotel donde nos habíamos alojado, mi mujer y yo, en nuestro viaje. Con creciente curiosidad acabé de leer el artículo:

> La infección, que en un primer momento afectó a un reducido grupo de huéspedes, podría estar extendiéndose formando un brote epidémico. Se desconoce el número de afectados. Diversas fuentes, sin embargo, han apuntado que supera ya la veintena. Los servicios médicos del hotel, desbordados por el número de afectados, han pedido ayuda al CDC, el Centro de Control de Enfermedades de Atlanta, que ya ha desplazado un equipo al lugar para hacerse cargo de la situación.
>
> Un portavoz del complejo hotelero ha confirmado que los afectados presentan un cuadro médico muy grave y que su evolución es en estos momentos incierta. Al cierre de esta edición, las autoridades habían confirmado dos bajas.

Dos bajas. Como en la empresa de Alberto.

Cerré el periódico justo en el instante en que el comandante anunciaba el descenso hacia el aeropuerto de Düsseldorf. Descenso que, para mi desesperación, haríamos atravesando una densa capa de nubes de lluvia y con un fuerte viento que, sin duda alguna, sacudiría el avión durante toda la maniobra de aterrizaje.

Llegados sanos y salvos a Düsseldorf, y contento de pisar tierra firme, me dirigí directamente a la oficina alemana de nuestra agencia, donde ya me esperaban para una larga reunión. La publicidad es una profesión apasionante. Se viven experiencias muy estimulantes, pero aquélla no fue precisamente una de ellas: pasé todo el día encerrado en una sala, sin ver la luz del día y sin salir ni para comer.

Acabada la reunión, y cansado de tantas horas de hablar en inglés y tener que esforzarme para entender a los demás, me escabullí de ir a cenar con mis colegas. Me dirigí a la zona de Altstadt, un barrio encantador de Düsseldorf que visitaba siempre que podía desde que lo descubrí, no hace muchos años. Una vez allí, me dispuse a seguir uno de mis rituales en la ciudad: dar un largo paseo por la orilla del Rin, viendo las descomunales barcazas que navegan río arriba y río abajo. La fina lluvia que caía —y que probablemente seguiría cayendo en las próximas horas— no me disuadió de hacerlo.

Eran mis momentos de relax, y el verdadero incentivo de aquellos viajes.

Con la vista fija en el fascinante espectáculo de las barcazas, lentas y ruidosas cuando remontan el río y rápidas y silenciosas si van a favor de la corriente, me evadí totalmente del trabajo. Volví mentalmente a St. John, a las inquietantes noticias que me llegaban de la isla, a los problemas de Alberto, y a aquella coincidencia que me había llamado la atención desde el primer momento: las dos bajas. Me preguntaba —como acostumbro a hacer cuando tropiezo con una coincidencia— si podía tener algún sentido. Me vino a la mente un pensamiento. Sólo era una curiosa asociación de ideas y, por tanto, podía resultar absurda. Pero recordando algunas cosas que había leído que tenían relación con ello y recapitulando la información que me había dado Alberto, de repente me di cuenta de que mi teoría podía tener sentido. Con la llovizna de Düsseldorf calándome los huesos, lo vi claro: los conflictos de Alberto, las infecciones en St. John, las dos bajas tanto en St. John como en la empresa de Alberto... todo tenía relación.

Ya estaba oscuro, tenía que abandonar aquel escenario que tanto me inspiraba e ir al hotel que tenía reservado: el mismo hotel de negocios de cada viaje, en el que intentaba pasar el mínimo tiempo imprescindible. Aceleré el paso. Esta vez tenía prisa por llegar y hacer lo que minutos más tarde hice. En cuanto estuve instalado en la habitación, conecté el ordenador y envié un correo a Alberto con un mensaje muy claro: «Alberto, tienes una epidemia en la empresa».

2

La confirmación

Hotel Caneel Bay, St. John. Islas Vírgenes Americanas
Lunes, 12 de mayo de 2003

El hotel Caneel Bay se despertaba con la noticia, ahora ya oficial, dada por los expertos del CDC de Atlanta que se habían desplazado al complejo: estaban sufriendo una epidemia. Un brote producido por un agente infeccioso, probablemente un virus, que todavía no se había podido identificar y que, en las últimas doce horas, además de afectar a treinta y dos personas más, había producido una nueva baja. Se había decidido trasladar inmediatamente a todos los huéspedes con síntomas de enfermedad al centro de salud y bienestar del hotel, donde se había montado una improvisada zona de hospitalización.

La noticia no fue una sorpresa para Stephen. La mera presencia de los expertos del CDC en el hotel era un indicio suficientemente claro de que se encontraban ante una alarma médica importante. Y sabía lo que pasaría a partir de ese momento: ningún huésped podría abandonar el complejo hotelero hasta controlar el brote epidémico, cosa que seguro que no ocurriría en los días siguientes.

Habló con Carol, le explicó lo que estaba sucediendo. Ella, aturdida por la fiebre y el malestar, le escuchaba atentamente. «Y tú, Stephen, ¿te encuentras bien?» «Sí, no te preocupes por mí, ahora. Lo principal es que te recuperes. Ya verás como todo irá bien.»

Enseguida llamaron a la puerta de la habitación. Venían a buscarla para trasladarla junto a los otros huéspedes enfermos. Stephen insistió en que quería acompañarla hasta la zona de hospitalización. Ante la negativa inicial del equipo del CDC, el médico habló con ellos, y les explicó que, debido a una coincidencia que no venía al caso, ese hombre había dispuesto desde un primer momento de más información sobre el brote que ningún otro huésped y que podía ser contraproducente no acceder a su petición. Además, seguramente podría echar una mano con los pacientes. De hecho, si el riesgo de contagio era tan elevado, él ya debía estar incubando la infección.

La vida en el hotel había sufrido un cambio radical. Un pequeño ejército de personas, vestidos con monos azules y máscaras en la cara, iban arriba y abajo, recorriendo palmo a palmo el complejo y distribuyendo materiales de protección entre la gente. El centro de mando del CDC se instaló en el despacho del director, en el pabellón central, que quedó invadido por sofisticados aparatos de comunicaciones. En una gran explanada del jardín, aterrizó el helicóptero que les ofrecía un medio de transporte de urgencia y una conexión por aire permanente con Atlanta. Los huéspedes del hotel, que asistían —unos desconcertados, otros asustados— a todo aquel espectáculo, intentaban desesperadamente que alguien les proporcionara más información.

Cuando llegaron a la zona de hospitalización, Stephen habló a solas con el médico del hotel. El hombre estaba desbordado. Después de ofrecerse para ayudar, le preguntó:

—¿Se sabe algo del tipo de infección?

El médico respiro hondo. Debía de hacer horas que no dormía.

—No, sólo tenemos sospechas. Creemos que se trata de un virus, pero aún no lo podemos asegurar. Esta mañana han salido las primeras muestras de sangre y tejidos hacia Atlanta para hacer los análisis.

Stephen miró a su alrededor. Aquel espacio del hotel, que normalmente se destinaba a la práctica del yoga y disciplinas similares, había sido invadido por camas colocadas a cada lado de la sala. Había aparatos por todas partes. Algunas camas estaban ocupadas por enfermos. Otras estaban vacías, cosa que no presagiaba nada bueno.

—¿Cuándo cree que llegarán los resultados?

—Desgraciadamente creo que se necesitarán, como mínimo, cuarenta y ocho horas...

—¿Y mientras tanto?

—Sólo podemos esperar...

—¿Y los enfermos? ¿Qué podemos hacer por los enfermos?

—No mucho más de lo que estamos haciendo. Podemos combatir los síntomas, pero no la infección, hasta que sepamos de qué se trata. De momento se les ha de administrar antitérmicos, asegurar una buena hidratación, controlar a menudo sus constantes y confiar en las fuerzas de cada uno de ellos...

Stephen confiaba en la fortaleza de Carol. Era joven y sana, sabía que lucharía contra la infección y que podía vencerla. A pesar de esta certeza, la angustia le devoraba por dentro.

No muy lejos de la cama de Carol, Stephen vio a Susan. Al acercarse a ella, pensó que tenía un aspecto bastante bueno. Pero se la veía nerviosa y preocupada.

—¿Como estás, Susan?

—Sobrevivo. No me puedo quejar... —dijo esbozando una amarga sonrisa.

—¿Y Alan?

—También está enfermo. Comenzó a tener los primeros síntomas unas horas antes que yo. La noche del viernes al sábado. Por la tarde ya no se encontraba bien...

Aquella era probablemente la razón por la cual no los habían encontrado en el restaurante del hotel la noche en que Carol se desmayó. Pero ¿cómo es que Alan no estaba allí, al lado de Susan? Le pasó por la cabeza que algo podía haber ido mal.

—¿Y dónde está...?

—No lo sé... Se lo han llevado hace un rato. Me han dicho que ha tenido una complicación, nada importante, pero la verdad es que estoy preocupada.

—¿Quieres que haga algo?

—La verdad es que sí. Te estaría muy agradecida si pudieses hablar con el médico. Averiguar dónde está Alan y, sobre todo, cómo está...

—Lo haré enseguida. Tranquila. Y vendré a verte en cuanto tenga noticias.

Antes de abandonar la zona de hospitalización en busca del médico, al que había visto salir hacía unos instantes, Stephen le explicó a Susan que también habían ingresado a Carol. La una y la otra se saludaron desde la cama, a distancia. Después de ofrecerse para cualquier otra cosa que necesitase, Stephen salió.

¿Cómo se había podido producir aquella situación? ¿Cómo y cuándo se habían contagiado Carol, Alan y Susan? ¿Por qué él todavía no había manifestado los síntomas? ¿Podía ser que fuese inmune al contagio o que su cuerpo opusiera más resistencia? Y en este caso, ¿por qué? Debía de haber un foco de infección al que todos habían estado expuestos. Podía ser alguien con quien los cuatro hubiesen tenido contacto. Un empleado del hotel, por ejemplo. De hecho, el médico había mencionado uno en la lista de afectados del primer día. Pero todo eso, sin saber siquiera el tipo de infección que sufrían, no eran más que meras especulaciones que no llevaban a ninguna parte.

Fuera de la zona de hospitalización, los expertos del CDC empezaron a dar instrucciones concretas a todos los huéspedes y a todo el personal del hotel para que nadie abandonara las instalaciones del complejo bajo ningún concepto. Inmediatamente se produjeron las primeras escenas de pánico. Aquello hacía temer lo peor. Quienes eran simples turistas se habían convertido en prisioneros. Algunos huéspedes intentaron abandonar el hotel en contra de las órdenes recibidas, querían huir de la posibilidad de contagio, pero las autoridades les cortaron el paso en todos los accesos al complejo. Caneel Bay se cerraba, oficialmente y hasta nuevo aviso, al exterior.

Cuando Stephen encontró al médico le preguntó, con el corazón en un puño, por Alan Rees. Afortunadamente, lo que le habían dicho a Susan era cierto. Estaba recibiendo una atención especial por una complicación cardíaca, pero evolucionaba bien. Aliviado, Stephen volvió a entrar para poner al día a Susan de cómo iba todo.

Carol cerraba los ojos de vez en cuando, medio dormida medio despierta. Stephen se sentó a su lado y le cogió la mano. No le comentó nada de la transformación del hotel, de la mutación brutal que había sufrido en las últimas horas, de los nervios que se podían palpar en el ambiente. Costaba creerlo. Aquel entorno fascinante, con el azul turquesa del mar a cuatro pasos, aquella paz, aquellas fantásticas playas de arena blanca... todo aquel paraíso se había convertido en el lujoso escenario de una auténtica pesadilla.

Düsseldorf
Martes, 13 de mayo de 2003

Todavía era de noche cuando me levanté en el hotel, para salir disparado hacia el aeropuerto. Tenía un vuelo de regreso a Barcelona que salía a las siete y diez, y que me permitiría estar en la oficina antes de las diez y no perder la mañana de trabajo. Sin tomar ni un triste café, hice los trámites de salida del hotel y pedí un taxi para ir al aeropuerto.

En la sala de embarque, mientras esperaba que anunciaran mi vuelo por megafonía, encendí el ordenador y bajé el correo que tenía. Con una sonrisa, leí el de Alberto, que lisa y llanamente, preguntaba:

«¿Qué es esta historia de la epidemia?»

Antes de embarcar, le respondí:

«Vuelvo hoy. Veámonos esta tarde, si puedes. Tú escoges el lugar.»

Embarcamos puntualmente. Una vez sentado, pedí la prensa. Tenía curiosidad por saber si había alguna noticia más de la epidemia de St. John. Me dieron un ejemplar de *La Vanguardia*. Aquella portada me sonaba. Enseguida lo entendí: era el primer vuelo que salía de Düsseldorf y la prensa no alemana de la que disponían era, obviamente, la del día anterior. Me tocaba esperar al aterrizaje si quería enterarme de las novedades en St. John.

Llegué puntualmente a Barcelona, después de un vuelo agradable y sin ningún tipo de incidente. Del aeropuerto me fui directamente a la oficina. Al sentarme a mi mesa, me pasaron nota de una llamada de Alberto. Me citaba a las nueve de la noche en el Silvestre. Como siempre, un restaurante. Parecía que Alberto sólo podía discutir las cosas con una buena comida de por medio, de lo cual yo podía prescindir perfectamente.

Acudí puntualmente a la cita. Alberto no había llegado. Mientras esperaba, aproveché para hojear el periódico. No había podido hacerlo en todo el día. Sí, volvían a hablar de St. John:

> NUEVOS CONTAGIOS EN ST. JOHN. SE CONFIRMA EL BROTE EPIDÉMICO.
>
> La enfermedad de St. John avanza sin control. En las últimas veinticuatro horas se han contabilizado un total de treinta y dos nuevos afectados. Los expertos del CDC desplazados a la isla confirman que se trata de un brote epidémico producido por un agente infeccioso, probablemente un virus, aún por determinar. Una vez aislado del exterior

el complejo hotelero, y desplegados los medios necesarios para afrontar la epidemia, los esfuerzos se concentran ahora en determinar la naturaleza del agente causante de la infección. Los epidemiólogos no han avanzado ninguna hipótesis y los análisis no estarán disponibles hasta por lo menos pasadas cuarenta y ocho horas. Este periódico ha podido confirmar que, entre los trescientos veinte huéspedes del hotel, sólo hay dos ciudadanos españoles, que no han resultado afectados por el momento.

Cuando llegó Alberto, sin saludarme y mientras se sentaba, me repitió palabra por palabra la pregunta que ya me había hecho por correo electrónico:

—¿Qué es esta historia de la epidemia?

Yo, doblando el periódico, me dispuse a darle mi explicación:

—Sabes que Düsseldorf me inspira —empecé, con una sonrisa—. Pues bien, ayer, mientras paseaba por la orilla del Rin, viendo las barcazas navegar arriba y abajo, se me ocurrió una idea: las bajas de Pablo y Silvia no son dos hechos aislados. Ambas podrían ser las primeras consecuencias de un proceso mucho más importante. Un proceso que implica los «pequeños conflictos» de los que me hablabas el otro día y que hace ya algún tiempo que se está gestando: una epidemia.

Alberto se quedó estupefacto. No entendía nada.

—¿Pero una epidemia de qué?

—Una epidemia de rumores. Rumores que están destruyendo vuestra comunicación interna.

—No te entiendo.

—Piensa en cómo se produce una epidemia, cualquier epidemia: la gripe o cualquier otra enfermedad que quieras imaginar. Aparece un virus que infecta a un individuo. El individuo en cuestión contagia a otros individuos, con lo cual la infección se extiende, pasando de un individuo a otro hasta que acaba afectando a una buena parte de la población.

Alberto me miraba con cara de perplejidad. Era evidente que se preguntaba qué relación podía tener todo eso con su empresa. Continué:

—En tu empresa también han aparecido unos «virus»: los rumores. Han circulado de boca en boca y, como en el caso de las epidemias médicas, se han ido transmitiendo de unos a otros, como una infección.

—A ver, ¿y cómo se relaciona esto con la marcha de Silvia y Pablo?

—Es una cadena: aparecen los rumores, que no son otra cosa que informaciones falsas o tendenciosas. A medida que circulan, intoxican y entorpecen la comunicación entre las personas. Con una mala comunicación, se rompe la confianza. Y sin confianza, el clima laboral se enrarece...

—Ya... Hasta que se llega al «ambiente irrespirable» del que me hablaba Pablo.

—Exacto.

Alberto empezaba a superar la incredulidad inicial. En este punto ya se daba cuenta que todo esto de la epidemia no era una broma mía. Después de estar un buen rato en silencio, dijo:

—O sea que, siguiendo tu analogía, los rumores son

los virus. Y la desconfianza vendría a ser la enfermedad...

—Sí, exactamente. Ésta es la asociación de ideas.

—Pues la desconfianza es una enfermedad difícil de «curar», porque se pierde mucho más deprisa que se gana.

—Esto es lo que probablemente indujo a marcharse a Silvia o a Pablo. Pensar que se había roto la confianza y que probablemente les sería imposible recuperarla...

Alberto interiorizaba la información. Después de otra pausa me dijo:

—¿Sabes? Ayer hablé con Silvia por teléfono. La llamé para intentar recuperarla. Le pedí que volviera, pero no quiso ni oír hablar del tema. Y me dijo justamente esto: que no se veía capaz de recuperar la confianza perdida, y menos en el contexto de mal ambiente que se estaba generando. He de reconocer que, desde este punto de vista, tu teoría tiene sentido. Pero dime, ¿cómo has llegado a ella?

—Mira, hay un montón de libros[1] que explican, desde diferentes ángulos, fenómenos similares. Y en algunos artículos se ha hablado de «contagio» de emociones o del funcionamiento de las epidemias sociales. A partir de ahí me he limitado a aplicarlo a tu caso.

Durante la comida hablamos mucho rato de otras cosas más. Yo le conté mi viaje a Düsseldorf, añadiendo tan-

[1] Malcolm Galdwell, *La frontera del éxito. Cómo pequeñas cosas pueden provocar una gran diferencia*, Espasa Calpe, 2001, Madrid.

Daniel Goleman, Richard Boyatzis, Annie Mckee, *El líder resonante crea más*, Debolsillo, 2003, Barcelona.

tas notas sarcásticas como supe sobre la reunión en la agencia y le confesé mi fascinación por la ribera del Rin, que tardíamente había descubierto pero que tanto me había impactado.

A la hora del café, Alberto volvió a la conversación inicial:

—¿Cómo puedes estar tan seguro que todo esto de la epidemia no es exagerado? ¿Cómo sabes que no estamos hablando de un par de casos aislados?

—La verdad es que no estoy seguro. Pero lo que te puedo decir es que, aun tratándose sólo de dos casos, el hecho de tener una raíz común los hace sospechosos de ser parte de una epidemia. Ahora eres tú quien ha de ver si hay más «infecciones», más gente «contagiada», aunque no hayan desarrollado todavía la enfermedad...

Después de repasar mentalmente los acontecimientos de las últimas semanas en la empresa, Alberto me describió algunas sospechas de «infección».

—La semana pasada, sin ir más lejos, tomando un café en la cafetería de la empresa, me sorprendió que un grupo de empleados hablasen de lo que, según ellos, era el «inminente despido de medio departamento comercial». ¡Incluso daban los nombres de las personas que estaban en la lista! Todo ello es absolutamente falso, pero hablaban como si lo supieran a ciencia cierta. Me temo que sí, que hay unas cuantas «infecciones» en la empresa...

Yo le escuchaba con interés y no decía nada porque, él solito, estaba convenciéndose de todo ello. Enseguida añadió:

—De acuerdo, asumamos tu sorprendente teoría y

consideremos que no estamos hablando de cuatro casos aislados, sino de que hay una verdadera epidemia. ¿Qué se supone que tengo que hacer?

Yo no tenía las ideas muy claras sobre este punto. Había leído mucho a propósito de cómo funcionan las epidemias desde el punto de vista sociológico, pero nada sobre cómo controlarlas o evitarlas. Recordando la noticia de lo que estaba pasando en St. John, mi fuente de inspiración en todo esto, le dije:

—Creo que lo primero que has de hacer es identificar el agente infeccioso. Poner nombre y apellidos al «virus». Has de saber a qué te enfrentas.

—¿Y esto qué quiere decir exactamente?

—Pues que has de averiguar cuáles son los rumores que están contaminando la comunicación interna de tu compañía. De dónde vienen y qué alcance tienen. Te toca investigar...

Lo dejamos aquí. Yo estaba cansado, sólo deseaba volver a casa y dormir en mi añorada cama.

3

El virus

Hotel Caneel Bay, St. John. Islas Vírgenes Americanas
Miércoles, 14 de mayo de 2003

A las seis y media de la mañana llegaban al hotel los resultados de los análisis. Los técnicos del CDC de St. John los recibían con absoluta sorpresa, y los comentaban con el médico y el director del complejo, que escuchaban atentamente.

—Ya lo tenemos. Se trata del MRGV, conocido como el virus de Matagalpa.

—¿Estáis seguros?

—No hay ninguna duda. El test ha dado positivo en todos los casos y se ha podido aislar el virus en las muestras de tejidos que se enviaron.

—Debe ser un virus raro, nunca he oído hablar de él...

—Sí, para nosotros ha sido una sorpresa. No había aparecido nunca por estas latitudes. Pensamos que ha venido de fuera.

—¿Y qué se sabe de él?

—La primera vez que se aisló fue en 1977, a raíz de un brote epidémico de fiebres hemorrágicas en el área del Río Grande de Matagalpa, en Nicaragua. La última aparición que se conoce es la de 1999. Fue en Venezuela, en la ribera del Orinoco. Desde entonces, no hemos tenido ni rastro. Nunca se ha encontrado el reservorio, y esto hace que no sepamos con certeza cuál es su origen ni dónde puede volver a manifestarse.

»Es un virus muy infectivo, capaz de romper las barreras mucosas e invadir al huésped para multiplicarse con rapidez. Aproximadamente el 70 % de los infectados presentan manifestaciones clínicas y es muy virulento: tiene una tasa de mortalidad de entre el 15 y el 20 %.

—¿Cuánto tarda en evolucionar la infección?

—Tiene un período de incubación de dos a cuatro días. Las manifestaciones clínicas se presentan durante los diez días siguientes. A partir del tercer o cuarto día de manifestación clínica, la enfermedad está en el punto álgido.

—¿Y los contagios?

—Pasado el período de latencia la enfermedad se transmite al menos durante seis días.

Toda aquella información era vital para tener un retrato claro de la situación y prever la curva epidémica y la posible evolución. El médico todavía tenía preguntas, el director escuchaba a su lado, incrédulo ante lo que oía.

—El contagio...

—Es un virus de transmisión directa. Debe haber contacto directo entre el huésped susceptible y la fuente de infección.

—¿Quieres decir contacto físico?

—No necesariamente. También se transmite por vía aérea, a través de las pequeñas gotas de saliva y las secreciones respiratorias, siempre que haya proximidad física.

Aquella era una muy mala noticia: implicaba un proceso de transmisión muy simple que multiplicaba la posibilidad de contagios.

—Por lo menos, ahora sabemos a lo que nos enfrentamos.

—Sí. Tenemos delante un virus muy agresivo, contra el que no se conoce ningún tratamiento. No es precisamente el virus que hubiésemos deseado encontrar...

—¿Qué pasos hay que seguir?

—Sabemos que es un virus de contagio directo entre personas. Esto significa que hay un primer portador. Hemos de identificarlo y reconstruir toda la cadena de transmisiones. Desgraciadamente, sólo hay una manera de hacerlo: hemos de entrevistar a la gente. Es un proceso lento, pero es necesario hablar con todos los enfermos. Todos los datos son importantes. De dónde vienen, qué han hecho durante su estancia aquí, con quién se han relacionado... Por lo que respecta a los enfermos, poca cosa podemos hacer. Como os decía, no se conoce ningún tratamiento que funcione. Sólo podemos darles soporte hospitalario, manteniendo la hidratación, las constantes vitales y tratando las posibles complicaciones.

La encuesta epidemiológica era una ardua labor que se tenía que hacer con paciencia y minuciosidad. Los expertos se pusieron enseguida a la labor. Empezaron por el grupo de enfermos que estaban en condiciones de mantener una entrevista que, por descontado, no eran todos.

Carol se mantenía estable, pero aún tenía mucha fiebre y se mostraba aturdida. Stephen, que todavía temía por su vida, pensó que lo que menos le convenía era que la incordiaran con preguntas, y quiso convencer a los expertos del CDC de que aún no estaba en condiciones de hablar con ellos. Los expertos lo aceptaron. La entrevistarían más adelante, si Carol mostraba una mejoría.

Una vez extendida la noticia de que ya se había identificado el virus, un grupo de huéspedes solicitó abandonar el hotel. Habían pasado tres días desde la llegada de los técnicos del CDC y no mostraban ningún síntoma de la enfermedad. Ellos consideraban que estaban «limpios», pero médicamente no se podía descartar que hubiesen estado en contacto con el virus y que, en consecuencia, pudiesen enfermar en las horas siguientes. O incluso, que pudiesen ser portadores sanos, o casos inaparentes que diseminasen la infección de forma silenciosa e insospechada. Dejar que se fueran comportaba una grave imprudencia, porque podían extender la enfermedad fuera del complejo con gran facilidad y nefastas consecuencias. Un solo infectado que cogiera un avión podía extender la epidemia sin ninguna posibilidad de control. Así pues, a pesar de su insistencia, las autoridades tuvieron que negarles el permiso para salir.

También aparecieron las primeras «falsas alarmas» de huéspedes que, ante el más leve síntoma, y en contra de las instrucciones recibidas, acudían a la zona de hospitalización en busca de ayuda, ignorando que era lo peor que podían hacer. Allí se exponían a un contagio seguro.

Todo ello enrarecía el ambiente en el hotel. No había habido más bajas, pero el miedo podía percibirse en cada rincón. Ninguno de los enfermos experimentaba una mejoría que resultase esperanzadora, las personas que no tenían síntomas se mostraban recelosas de estar en contacto con otra gente que no conocían, los que querían partir no podían hacerlo...

Susan fue una de las primeras entrevistadas por los expertos del CDC.

—¿Cuándo llegó al Caneel Bay?

—El primero de mayo.

—¿Procedencia?

—Los Ángeles.

—¿Viaja sola?

—No, me acompaña mi marido, Alan. Él también está enfermo.

—¿Qué actividades ha realizado estos días?

Ella les describió detalladamente todo lo que recordaba. Los expertos tomaron nota de todo. El día y la hora en que había notado los primeros síntomas, los nombres de los conocidos o las personas con las que se había relacionado y que también estuviesen enfermas... Todo era importante.

A primera vista no encontraron en las explicaciones de Susan ningún indicio relevante que les condujera a un posible portador. Pero sabían que se tenían que cotejar muchos datos antes de poder sacar conclusiones.

Con toda la información cuidadosamente registrada, dieron por concluida la entrevista.

Habían descubierto el virus, pero todavía estaban lejos de controlar la epidemia. El número de afectados crecía espectacularmente, y lo hacía tanto entre los huéspedes como entre el personal del hotel. Esto complicaba mucho la situación. A medida que los empleados enfermaban, el director contaba con menos personal para mantener en funcionamiento el complejo. El trabajo se tenía que reorganizar: prescindir de los servicios complementarios y concentrar recursos en los servicios esenciales. Había solicitado la cooperación de todos. Los empleados sanos cubrían los servicios de sus compañeros enfermos haciendo turnos extra. Pero con aquel ritmo de bajas, Jack no sabía hasta cuándo podría aguantar la situación.

En la zona de hospitalización, Stephen, exhausto, salía para descansar un rato. No había nada más que pudiera hacer por Carol de momento, sólo proporcionarle todo su apoyo y animarla. Antes de dirigirse a su habitación, dio un largo paseo por la playa.

Aquel escenario, ideal para unas vacaciones, también era, paradójicamente, el escenario idóneo para una epidemia: una isla, sin ningún tipo de comunicación con el continente salvo los barcos, y con un 70 % del territorio deshabitado. Un entorno controlable y fácil de aislar. Reunía las condiciones perfectas para un confinamiento eficaz.

Barcelona
Jueves, 15 de mayo de 2003

Habían pasado un par de días desde la última cena con Alberto. Dos días que él debía haber aprovechado para buscar e identificar «sus virus», y que yo había dedicado también a investigar un poco más sobre aquella cuestión de los rumores.

En cierta forma, era como observar el virus con el microscopio. Consulté diversas fuentes, y cuanto más descubría, más consciente era del peligro que comportaba. Averigüé cómo se genera un rumor, y qué hace que algunos rumores sean especialmente «infectivos».[2]

El proceso funciona de la siguiente manera: de la información original, el rumor elimina detalles que son

[2] Malcolm Galdwell, *La frontera del éxito. Cómo pequeñas cosas pueden provocar una gran diferencia*, Espasa Calpe, 2001, Madrid.

esenciales para comprender la realidad objetiva del hecho al que se refiere. De esta manera, se altera la historia, haciéndola más aguda, más interesante y más incisiva. Todo ello a base de pequeñas manipulaciones de la información que le dan fuerza. Una vez empieza a circular, el rumor va cambiando. Lo mismo que sucede con algunos virus, cuando se produce una mutación. Y, también como en el caso de los virus, normalmente la mutación implica subir un estadio en virulencia, en poder destructivo. El rumor, que pasa de boca en boca, se modifica con la finalidad de que tenga más sentido e interés para los nuevos destinatarios. Se excluyen detalles externos, y otros se exageran para que el mensaje adquiera un significado determinado. Son pequeñas perversiones que hacen que el mensaje llegue a ser mucho más impactante. Y, de rebote, aumenta su virulencia y se vuelve aún más «contagioso».

Tenía delante el retrato de un agente realmente nocivo, capaz de destruir la comunicación interna de cualquier empresa. Era inevitable preguntarse si en realidad ponemos tan mala fe cuando generamos un rumor. Para mi tranquilidad, descubrí que no siempre es así: a veces los rumores son, efectivamente, malintencionados, y se crean y se propagan con la intención de intoxicar. Pero son más las veces que todo el proceso se produce sin especial malicia, sin que los responsables de crear y hacer circular los rumores sean conscientes de lo que están haciendo. Entre otras cosas, porque acostumbra a pasar que los propagadores de rumores han sido, ellos mismos, previamente infectados y forman parte de la epidemia.

Descubrí también un dato especialmente relevante. El hecho de que, como en las epidemias médicas, cuando hablamos de epidemias de rumores no todo el mundo es igualmente contagioso. Hay gente que «infecta» a los demás con mayor facilidad. Descubrí con sorpresa que las personas emocionalmente más expresivas, las que son especialmente buenas mostrando sus emociones, suelen ser las más contagiosas. Lo son, en general, de los estados de ánimo, sean positivos o negativos, pero también lo pueden ser de los rumores. Y hacen falta pocas personas con este perfil para desencadenar una auténtica epidemia de rumores. Esta información me impactó. Enseguida me vinieron a la memoria nombres de «grandes contagiadores» de mi entorno. Y, en efecto, eran personas especialmente expresivas. La correlación estaba clara.

Aquel jueves, a media mañana, recibí noticias de Alberto.

—¿Puedes quedar para tomar un café después de comer? —me preguntó.

Le respondí que sí. Tenía ganas de verle y saber qué había descubierto. Y, de paso, estaba encantado de charlar un rato con él ahorrándonos una cena.

—De acuerdo, pues. Quedamos en el Anahuac. Seremos tres.

No fue una sorpresa que me citara en aquel bar, ya nos habíamos encontrado allí alguna vez. Lo que me sorprendió fue el anuncio de la presencia de una tercera persona. Me preguntaba quién podía ser, y qué relación podía tener con lo que teníamos entre manos.

Antes de salir, ojeé la prensa en busca de alguna noticia referente a St. John. El día anterior había repasado los periódicos detalladamente, sin encontrar ninguna mención de la epidemia, lo cual podía querer decir que el tema había dejado de ser noticia, o que, simplemente, no había novedades. Esta vez sí que se hablaba sobre ello.

> IDENTIFICADO EL VIRUS DE ST. JOHN.
> Investigadores del CDC han conseguido identificar el agente responsable del brote epidémico de Caneel Bay. Se trata del virus de Matagalpa, un virus raro y muy virulento. Resulta mortal en un 15 % de los casos y se contagia de persona a persona. Nunca se había identificado en la zona, lo cual hace sospechar a los expertos que ha llegado a St. John traído por un huésped del hotel, un empleado o algún visitante. Entre tanto, el número de contagios no para, y afecta no sólo a los huéspedes sino también al personal del hotel. La epidemia está lejos de ser controlada. Los expertos concentran todos sus esfuerzos en identificar a la persona que puede haber introducido el virus y en reconstruir la cadena de contagios, con el fin de aislar a todos los que han estado en contacto con la infección.

Cuando llegué al bar, Alberto estaba sentado a una mesa con una chica.

—Te presento a Sara, la mujer de un amigo mío. Es viróloga, experta en medicina tropical. He pensado que si lo que tengo en la empresa es una epidemia, sus conocimientos nos pueden ayudar...

Era una gran idea. Trabajábamos con la teoría de que

la epidemia de rumores seguía las mismas pautas que cualquier otra epidemia médica. Y de epidemias médicas sabíamos muy poco. Necesitaríamos aprender alguna cosa si queríamos controlar la nuestra. De hecho, había un montón de preguntas que me había estado haciendo...

—... pero antes que nada, déjame que te ponga al día de lo que yo he descubierto —me dijo—. Mira, como sospechaba, he confirmado un montón de infecciones en la empresa. Estoy convencido de que no se trata de casos puntuales, sino que, efectivamente, tenemos una epidemia. Me he centrado, como me dijiste, en investigar el agente infeccioso, es decir, los rumores. Me he topado con rumores de cuarta o quinta generación, rumores de rumores, claras «mutaciones» que me hacen muy difícil llegar a los rumores originales. Pero todos ellos giran alrededor de tres temas concretos, con más o menos matices y con más o menos carga de mala fe.

—¿Tres temas que son...?

—El primero: la marcha de la compañía. Hay rumores de que las cosas van mal. Me resulta incomprensible, ya que estamos obteniendo muy buenos resultados este ejercicio. La gente debería verlo y, sin embargo, no te imaginas lo que he llegado a oír. Se habla de recortes de personal, de cierre de departamentos... ¡lo que quieras!

Tanto Sara como yo nos manteníamos atentos a sus explicaciones.

—El segundo: el director de marketing. Es increíble. Circula el rumor de que se va a la calle. Y precisamente, ya te lo dije, es una persona que estamos a punto de promocionar. Dejará el departamento para hacerse cargo de la dirección general comercial.

—¿Él lo sabe?

—No, se lo tengo que comunicar esta misma semana. Y lo que está pasando es que, con el rumor de su despido, un grupo de colaboradores suyos se ha puesto en pie de guerra...

—¿Y el tercero?

Alberto calló. Buscaba las palabras adecuadas.

—Veréis... el tercero es más complicado. Roza temas personales.

—Tranquilo. No saldrá de aquí.

—No tengo ninguna duda, pero es tan absurdo que me cuesta incluso explicároslo. En fin, allá va. El tercero es que corre el rumor de que tengo un trato de favor hacia Marta.

Conocía a Marta. Era una de las directivas más brillantes y Alberto la consideraba una pieza clave en el equipo.

—¿Qué quiere decir exactamente «un trato de favor»?

—En el mejor de los casos, que no merecía su reciente promoción. En el peor, que entre ella y yo hay algo...

Entendía que le costase decirlo. Conociéndole, era improbable que aquello sucediera. Devolviendo la conversación al ámbito general, le dije:

—Son tres temas potentes, capaces de generar un mar de rumores. Unos rumores que seguro que han ido circulando a gran velocidad y que, al mismo tiempo, han generado nuevos rumores. Además, deben haber hecho mucho daño en la confianza de la gente...

—¡Y tanto! No te puedes imaginar las cosas que he

llegado a oír estos dos días. La gente hablaba de «listas negras», de «devolver favores», de «grupos favorecidos»... Y lo peor: a estas horas, esta dinámica ya domina el ambiente. Se propagan rumores por todas partes. La puerta de un despacho cerrada significa que alguien se va a la calle. Un correo de la central, que las cosas no van bien. Parece que no tenga freno...

Todo eso me sonaba. Por un lado, porque la experiencia de Alberto venía a confirmar lo que yo había averiguado sobre los rumores y sus mutaciones. Y por otro, porque este tipo de expresiones las había oído un montón de veces en algunas empresas con las que había tenido contacto. Empresas con un patrón común: la falta de confianza entre la gente.

Sara había seguido con interés la conversación, pero también con cierta perplejidad. No sabía qué papel jugaba ella en una «epidemia de rumores». Era, sin duda, muy diferente de las que investigaba habitualmente.

—Sara, ya ves dónde estamos —dijo Alberto—. Hemos identificado nuestros «virus» y, por lo que parece, son bastante virulentos. Se han hecho fuertes y resistentes. Dado que creemos que este proceso sigue las pautas de una epidemia médica, quizás es un buen momento para saber un poco más sobre cómo funcionan. ¿Qué nos puedes explicar de forma que lo podamos entender dos economistas aprensivos como nosotros?

—La verdad es que os podría decir muchas cosas al respecto. Quizá demasiadas para lo que necesitáis. De entrada, dejadme que os haga una pequeña introducción para centrar el tema: las enfermedades infecciosas están producidas por microorganismos. Son las más frecuentes de toda la humanidad, y las que tienen peores consecuencias tanto a nivel social como económico.

Como las infecciones de rumores en las empresas, pensé yo.

—Las producen elementos vivos transmisibles, es decir, que pueden pasar de un individuo a otro provocando una nueva infección. Pueden ser bacterias, hongos, parásitos y, por descontado, virus.

Alberto, que como siempre tenía prisa por saberlo todo, preguntó:

—¿Qué ha de pasar para que estos pequeños monstruos provoquen una epidemia?

—En primer lugar, que el microorganismo sea suficientemente infectivo; es decir, que tenga la capacidad de romper las barreras de defensa del individuo infectado, invadirlo y multiplicarse. En segundo lugar, que la dosis infectiva sea suficiente. Que el número de microorganismos que penetra en el individuo sea suficientemente elevado para que se desarrolle la infección. Existe un número mínimo crítico a partir del cual se puede desarrollar la enfermedad.

Aquellas dos condiciones estaban presentes en nuestro caso. Por lo que había explicado Alberto, sus rumores eran capaces de romper muchas barreras defensivas y, además, la cantidad de «virus» que circulaban era considerable... Ahora me tocaba a mí. Recordando lo que había leído sobre la epidemia de St. John pregunté:

—¿Qué nos puedes explicar sobre la transmisión de la infección?

—Es un proceso complejo. Se necesita una cadena de transmisión que ponga en contacto al agente infeccioso con el huésped, es decir, la persona que será infectada. Esta cadena implica, en primer lugar, un reservorio, donde vive el agente infeccioso.

Aquella explicación nos comenzaba a desbordar. Sara, viendo la cara de espanto que pusimos, se apresuró a añadir nuevas explicaciones.

—Comencemos por el reservorio, que es el origen de todo. Por decirlo de otra manera, es el «almacén» de virus, el lugar donde el virus se encuentra antes de su viaje infeccioso. Este «almacén» de virus se puede localizar tanto en un ser vivo como en elementos del entorno, como la tierra o el agua. Una balsa de agua estancada, por ejemplo, puede ser reservorio de muchos agentes infectantes.

—Entonces ¿el hombre se cuenta entre los reservorios?

—Sí, por descontado. El hombre es reservorio de un gran número de gérmenes. Y, como tal, es un transmisor potencial de muchas infecciones. Tened en cuenta que, para transmitir un virus, no hay que estar clínicamente enfermo; se puede transmitir sin tener ningún síntoma y actuando como simple portador. A menudo nos encontramos con que no hay ningún signo que nos señale a una persona como portadora de un virus, sin embargo, es un individuo que va contagiando a su paso... No es lo mismo sufrir la enfermedad que ser portador de la misma.

Aquella era una información determinante que nos complicaba mucho las cosas, porque implicaba, en nuestro caso, que los rumores podían venir de alguien que no estuviese dando la cara. Alguien que no mostrase ningún tipo de actitud negativa, ni que generase mal ambiente. Alguien que simplemente no hubiese «desarrollado ningún síntoma de la enfermedad».

Sara hizo una pausa y, cuando le pareció que habíamos sido capaces de asimilar lo que nos había explicado sobre la transmisión de las infecciones, continuó.

—Pero todavía hay un aspecto importante que debéis tener en cuenta. Aunque se haya producido la transmisión de un virus de una persona a otra, el hecho de que la persona infectada desarrolle o no la enfermedad depende de otro factor: su susceptibilidad a las infecciones. Cuando un individuo se contagia, se produce una respuesta inmunitaria. Las defensas del organismo luchan contra la invasión. Con unas buenas defensas, el individuo infectado a veces puede evitar el desarrollo de la enfermedad o si más no limitar la gravedad. Con unas defensas deficientes, está totalmente expuesto a sufrirla.

Un nuevo e importante dato para reflexionar... Borrachos de toda la información que acabábamos de recibir, detuvimos a Sara en aquel punto, no sin antes pedirle si estaría dispuesta a repetir un café como aquél si la necesitábamos más adelante. Ella accedió encantada. Incluso me dio su móvil, por si me surgía alguna consulta o le quería comentar alguna cosa. Después de despedirnos de ella, Alberto y yo aún charlamos un buen rato. Nos planteábamos cuál era el siguiente paso que debíamos dar.

Apoyándome en la información de St. John y en todo lo que Sara acababa de explicarnos, le propuse:

—Has de rastrear los contagios. Ir retrocediendo en la cadena de transmisiones hasta llegar al reservorio. Estoy seguro de que allí encontraremos muchas respuestas. Y localizaremos al responsable de la epidemia...

Volví a mi despacho. Me esperaban para una reunión. Pasé el resto de la tarde en la agencia.

Al atardecer, ya en casa, empecé a dar vueltas a una idea que, desde el mediodía, me rondaba por la cabeza. Tenía relación con aquellas palabras de Sara: «El hombre es reservorio de muchos tipos de gérmenes... Puede ir contagiando, aunque no haya desarrollado la enfermedad...». La idea, trasladada a nuestro comportamiento en las empresas, significaba aceptar que todos nosotros tarde o temprano acabamos siendo reservorios de alguna cosa. Que podemos ser reservorios de buen ambiente, de optimismo, incluso de afectividad, y contagiarlo entre la gente, pero que fácilmente podemos ser reservorios de mal ambiente, de rumores y de conflicto, y transmitirlo a los que tenemos a nuestro alrededor. Y la mayoría de veces ni siquiera lo sabemos, porque esta elección no siempre es consciente.

Sería bueno que, de vez en cuando, reflexionásemos sobre qué es lo que contagiamos, y qué efecto tiene sobre la gente con la que nos relacionamos. Yo reconocía no haber sido siempre reservorio de buen ambiente. Pero reconocerlo y entenderlo me permitía escoger en el futuro de qué quería ser reservorio y qué quería contagiar.

4

La cadena de contagio

Hotel Caneel Bay, St. John. Islas Vírgenes Americanas
Sábado, 17 de mayo de 2003

En el complejo hotelero, las horas se hacían eternas tanto para los expertos que investigaban como para los huéspedes que estaban confinados allí contra su voluntad. Habían pasado setenta y dos horas desde que se descubriera el virus, y todavía había muchos interrogantes abiertos. Las entrevistas no habían proporcionado luz suficiente para que los técnicos del CDC pudiesen determinar la fuente de infección y recomponer toda la cadena de contagio. El primer portador del virus se les escapaba. Cada vez que tenían un dato que les conducía a un sospechoso o una sospechosa, alguna pieza no encajaba y la pista se esfumaba. Aquello implicaba que aún existía el riesgo de nuevos contagios y que no se podía garantizar el control de la epidemia. Quedaban pocos huéspedes enfermos por entrevistar, y se tenía que llegar hasta el final.

A pesar del estricto protocolo de seguridad, un miembro del equipo del CDC cayó enfermo. No tenía ni idea de cuándo ni cómo había podido contagiarse. Pero lo cierto era que, en seis días de contacto permanente con los infectados, podía haber cometido algún error o haberse relajado con las medidas de protección. No lo podían trasladar. Los criterios que habían aplicado a los huéspedes para no extender la epidemia más allá del complejo de Caneel Bay eran igualmente válidos para él. Lo instalaron en la zona de hospitalización con el resto de enfermos, esperando que tuviese suficientes mecanismos de defensa para luchar y superar la infección.

Carol mostraba esa mañana una clara mejoría. La fiebre no era tan alta y se encontraba más animada. Parecía que había superado el punto álgido de la infección, y podía estar entrando en la fase de remisión. Eran buenas noticias, muy buenas. Indicaban que la evolución podía ser positiva. A la vista de su estado, los expertos del CDC decidieron que ya estaba en condiciones de responder a sus preguntas. Se acercaron a la cama que ocupaba en la sala de hospitalización.

—¿Cuándo llegó al hotel?

—El 7 de mayo. Llegué en avión a St. Thomas y con el ferry del hotel hice el trayecto hasta aquí.

—¿Procedencia?

—Boston.

—¿Vuelo directo?

—Con escala y cambio de avión en Atlanta.

—¿Viajaba sola?

—Sí.

Carol se sentía todavía débil, y sus respuestas se limitaban estrictamente a la información que le iban pidiendo.

—¿Está sola en el hotel?

—No, estoy con mi compañero Stephen. Él llegó el día antes.

Los expertos del CDC tenían anotado el nombre de Stephen. Susan lo había mencionado como persona de contacto en su entrevista.

—¿Él también venía de Atlanta?

—Sí. También de Atlanta...

Los expertos no estaban obteniendo ninguna información que les ayudara. Anotaban mecánicamente las respuestas de Carol, hasta que ella añadió medio de pasada un detalle que les llamó la atención.

—... allí hizo la última escala. Venía de una larga estancia en Brasil...

—¿De Brasil? ¿De dónde exactamente?

—De São Félix do Araguaia, en el Estado de Mato Grosso. ¿Por qué? ¿Es importante?

Los expertos del CDC se miraron antes de contestar:

—Sí, lo es. El CDC recibió hace tres días un aviso desde São Félix. Había una sospecha de epidemia. Se envió un equipo allí. Nos acaban de comunicar que, después de hacer los análisis, han descubierto que también se trata de Matagalpa...

¡Ya lo tenían! Le preguntaron dónde podían encontrar a Stephen y salieron a buscarlo. Aquel dato tenía que ser por fuerza la clave definitiva que les permitiría identificar al portador.

Tal y como les había indicado Carol, encontraron a Stephen en la playa, dando uno de sus largos paseos de camino hacia la zona de hospitalización. No esperaron a llegar al centro. Allí mismo, sentados en la arena, empezaron a bombardearle con preguntas. La entrevista les dio todos los detalles que necesitaban para confirmar la sospecha. En efecto, estaban seguros de que tenían al portador. Todo encajaba. Stephen había pasado siete meses en Mato Grosso, en la misma zona donde había aparecido el virus, y había viajado hasta St. John directamente. Debía haberse contagiado el día antes de partir. Las veinticuatro horas de viaje correspondían al período en que el virus aún se mantenía latente y la infección empezaba a desarrollarse. Stephen no era, pues, contagioso. Al llegar al hotel, sin embargo, ya constituía un peligro para el resto de huéspedes y el personal. Aparentemente, no había sufrido la enfermedad, y por eso nadie pensó en él como potencial portador. Y él, desconociendo totalmente que el virus había aparecido en el lugar donde había estado, no se le había ocurrido pensar que podía ser el portador. Todo cuadraba. El extremo cansancio que había sufrido el primer día y que había atribuido simplemente al desgaste del viaje había sido en realidad una forma atenuada de sufrir la enfermedad. Una infección que había contagiado en los días siguientes a todos los que habían tenido algún contacto con él desde su llegada…

... Susan y Alan, algunos de los huéspedes con quien había pasado la primera velada, y también algunos de los participantes en el curso de submarinismo con quienes había compartido reguladores, máscaras y todo el equipo durante la sesión de iniciación en la piscina, figuraban entre los primeros grupos de afectados. A partir de allí, la cadena crecía exponencialmente. Los contactos se multiplicaban y afectaban a huéspedes y a trabajadores del hotel. El intenso interrogatorio iba sumando detalles al relato y eslabones a la cadena.

—Salí a tomar un café por la mañana, el segundo día. Fui al bar de Turtle Bay...

—¿Qué más? No nos podemos permitir ningún olvido. El más mínimo detalle cuenta...

—Creo que esto es todo.

—¿Alguna persona con quien tuviera contacto fortuito? ¿Huéspedes? ¿Empleados? ¿Visitantes?

—La camarera. Intercambiamos algunas palabras en la habitación, con Carol, el día que ella llegó, es decir, el día 7...

Una vez acabada la entrevista, pudieron confirmar que, de hecho, no debía quedar mucha gente que no hubiese estado expuesta a la infección. Algunos tendrían la suerte de formar parte del 30 % de infectados que no desarrollarían la enfermedad, como parecía ser el caso del médico y el director, o en todo caso la pasarían de una forma subclínica, como había sido el caso de Stephen. No obstante, les quedaba una pregunta clave. La respuesta podía dar un giro total a la situación y afectar dramáticamente la estrategia a seguir.

—Necesitamos una última respuesta. Por favor, reflexione todo el tiempo que sea necesario, porque las consecuencias que se derivan de ella son de enormes proporciones. Diga, ¿ha abandonado en algún momento las instalaciones del hotel?

Stephen reflexionó. Al cabo de unos instantes respondió de forma clara y decidida.

—No, en ningún momento.

Los técnicos del CDC respiraron aliviados. Aquella era la misma respuesta que habían obtenido de todos los huéspedes que habían caído enfermos antes de cerrar el recinto al exterior. La epidemia se mantenía dentro de los límites del complejo hotelero.

Stephen acabó la larga entrevista con una sensación amarga. No era culpable, lo tenía claro. Pero saberse portador del virus y el origen del contagio de todos los enfermos, entre ellos Carol, le dejó abatido. Él conocía los riesgos a que se exponía cuando tomó la decisión de colgarlo todo y partir como cooperante. Sabía que podía sufrir alguna enfermedad grave, y lo había aceptado sin reservas. Pero en ningún momento se había planteado que pudiese darse una situación como aquélla, en que los peligros le habían pasado de largo para acabar afectando, sobre todo, a quienes le rodeaban. A pesar de ser perfectamente consciente de que él también era una víctima del maldito virus, se sentía fatal por haber perjudicado a tanta gente, provocando una pesadilla como aquélla en aquel pequeño paraíso del Caribe.

Vuelo Iberia 2335 Barcelona-París, Charles de Gaulle
Lunes, 19 de mayo de 2003

Para no gustarme volar, aquélla estaba siendo una semana gloriosa. De nuevo me encontraba en un avión, rumbo a París, donde tenía una reunión. En el quiosco del aeropuerto había comprado el periódico para ver si encontraba alguna noticia nueva sobre St. John. Hacía cuatro días que no se sabía nada, lo cual reafirmaba mi temor de haber perdido definitivamente el rastro. Me sabía mal, St. John se había convertido en mi particular mapa de ruta en todo el proceso de la epidemia en la empresa de Alberto. Justo cuando el avión encaraba la pista de despegue, me topé con la crónica. Era breve, sólo ocupaba unas líneas de una columna lateral, pero yo ya tenía suficiente. La leí con el entusiasmo de quien recibe noticias de un amigo que hace tiempo que está lejos:

St. John: Identificado el origen de la enfermedad. Gracias a las entrevistas realizadas por los técnicos del CDC a los afectados de la infección del hotel Caneel Bay de St. John, en las islas Vírgenes Americanas, se ha podido identificar al portador del virus, un ciudadano norteamericano que probablemente contrajo la infección en Brasil. En este momento, los expertos trabajan para completar la cadena de transmisión, una tarea difícil, dada la cantidad de actividades sociales desarrolladas por los primeros turistas contagiados y, en consecuencia, la amplia propagación del contagio. Tan pronto como se haya completado la cadena de transmisión, los expertos llevarán a cabo los aislamientos pertinentes.

Había una idea interesante en aquel relato periodístico, y era el hecho de que relacionasen la rapidez con que se había extendido la epidemia con la actividad social de los primeros infectados. Tenía lógica: cuanta más sociabilidad, más contacto entre la gente. Los contagios tenían que multiplicarse necesariamente.

El avión despegó. El día era claro y el viaje prometía ser tranquilo. Había encontrado noticias de la epidemia de St. John, pero hacía cuatro días que no veía a Alberto. Sabía que continuaba investigando su particular epidemia y que, una vez identificado el «virus», trataba de encontrar el origen de la cadena. La noche anterior había recibido un SMS que decía:

«No encuentro el reservorio del virus. La cadena de contagios no me lleva a ninguna parte.»

Cuando le llamé estaba en una cena (para variar) y

prácticamente no pudimos hablar. Le dije que yo partía al día siguiente, que estaría fuera un par de días, y me prometió enviarme un correo con la información de la que disponía. Tendría que esperar a llegar a París para conectarme a la red y leerlo.

Me tragué el resto del periódico de pies a cabeza, la salvación para no pensar en el vuelo. La verdad es que el viaje fue muy bien hasta que llegamos a la vertical de París.

Allí, como siempre, pasamos más de media hora sobrevolando el aeropuerto Charles de Gaulle, a la espera de que nos dieran permiso para aterrizar.

Cuando puse los pies en tierra, cogí un taxi hasta nuestra agencia, ubicada en un edificio singular construido en una pequeña isla del Sena. La oficina tiene un encanto especial, pero también un grave inconveniente: está demasiado lejos del centro de París para hacer una escapada.

Me informaron de que la reunión comenzaría con al menos una hora de retraso. Todavía no estábamos todos, y algunos de los convocados habían tenido problemas con su vuelo.

Aprovechando la ocasión, me instalé en un despacho y consulté los correos. En efecto, había uno de Alberto, en el cual me explicaba la situación: «He estado investigando. Rastreando la cadena de transmisiones. Y estoy perdido. Hay muchas conexiones, muchos "contagios", pero no hay manera de llegar al "reservorio" de ninguno de los tres rumores originales. No encuentro a la persona que ha iniciado las infecciones. Y ganas no me faltan, te lo aseguro».

La situación que describía Alberto era muy diferente a la de la epidemia de St. John. En la isla ya conocían el origen de la infección y tenían identificado al portador. Por primera vez, los dos procesos no discurrían en paralelo. Podía ser que esta vez St. John no me sirviese de referencia. En el mensaje de Alberto había un añadido final que me dejó muy intrigado: «De todas formas he ido descubriendo cosas muy desconcertantes...».

No pude aguantarme y le llamé inmediatamente.

—Hola Alberto, soy yo. Escucha, mi reunión se ha retrasado. ¿Puedes hablar?

—Sí, adelante. Sabía que me llamarías después de recibir el mensaje...

—¿Qué has descubierto?

—Mira, la mayoría de rumores tienen, como ya sabíamos, relación con alguno de los tres temas que os comenté: el mal funcionamiento de la compañía, el despido del director de marketing o Marta. Sobre el primer tema es evidente que todo el mundo está afectado. Pero investigando los «contagios» de los otros dos rumores, me ha sorprendido encontrarme con gente que los ha estado propagando por toda la empresa a pesar de que ni el supuesto despido del director de marketing ni la promoción de Marta les afectaba directamente. Desconcertante, ¿no?

A mí no me sorprendió. Los dos temas suponían cambios en, por lo menos, dos departamentos. Había leído en mi particular investigación sobre los rumores que, cuando hay un cambio, se rompen muchos equilibrios y esto obliga a la gente a reubicarse, a buscar su lugar en el nuevo escenario. Esto supone tejer nuevas complicidades, lo cual a menudo se logra generando rumores y propagándolos. Le contesté:

—Puede ser que el tema no les afecte directamente, pero ven que se avecinan cambios. Y con la perspectiva de que las cosas cambien, es posible que haya gente que sienta amenazada su posición. Han de hacer lo posible para dinamitar el cambio o encontrar su lugar en la nueva situación…

—Lo entiendo, de acuerdo. Pero aun así hay muchos que están demasiado lejos de todo esto. Cualquier cambio en marketing o la promoción de Marta no les afecta en absoluto. He encontrado cadenas de transmisión totalmente ajenas a los departamentos afectados…

—«Oportunistas del rumor» —respondí—. Gente que utiliza la información tendenciosa, la información golosa, para reforzar sus relaciones, para hacer funcionar sus grupos y ser el centro de atención. Para tener de qué hablar. Como además se sienten lejos de la información que propagan, tienen una enorme capacidad de invención, y de «mutación» de los rumores.

—Pero ¿por qué aparecen ahora? ¿No han estado ahí siempre?

—Sí, pero no se daban las circunstancias necesarias para que actuasen. No había «caldo de cultivo». En un entorno de confianza, no tienen nada que hacer...

El teléfono se quedó mudo durante un instante. Probablemente estaba yendo demasiado rápido con una información que yo ya había asimilado, pero que para Alberto era totalmente nueva. Enseguida volvió a la conversación.

—Hay otra cosa que también me ha llamado la atención: tanto si eran personas afectadas por los cambios como los que tú llamas «oportunistas del rumor», la gente que ha hecho la mayor parte del trabajo ha sido relativamente poca. Quiero decir que, una vez lanzados los rumores originales (que todavía no se de dónde han salido), no son muchos los que han contribuido a diseminar la epidemia.

En este punto sí que el artículo de St. John de aquella mañana me daba una buena pista. Le expliqué a Alberto mi interpretación:

—Quizá sean pocos, pero seguro que descubrirás que tienen una relación social amplia, y esto multiplica los contactos, y las posibilidades de infección. Son gente especial: si una persona acostumbra a comer con compañeros del trabajo una vez al mes, ellos lo hacen cada semana; si una persona acostumbra a tomar un café a la semana con un compañero, ellos lo hacen cada día. Son grandes catalizadores de relaciones, y como tales, también grandes «contagiadores».

Antes de dar por terminada nuestra conversación, Alberto quiso comentar un punto importante. Un dato que me resultó muy revelador. Me dijo:

—También he podido observar una cosa muy interesante que puede explicar el crecimiento exponencial de la «infección». ¿Recuerdas lo que nos comentó Sara sobre la susceptibilidad de los infectados?

—Sí, perfectamente. La susceptibilidad determina las probabilidades de desarrollar la enfermedad.

—Pues bien. He notado un fuerte crecimiento de la susceptibilidad en las últimas semanas. La gente es más vulnerable que nunca a cualquier tipo de rumor o conflicto. Se producen pequeños incidentes que en otros tiempos habrían pasado absolutamente desapercibidos y que ahora tienen un efecto desproporcionado.

—¿Y cómo te lo explicas?

—Lo he estado pensando y me parece que tengo una teoría. Sara dijo que cuando hay un contagio, cuantas menos defensas tenga la persona, más probabilidades tiene de desarrollar la enfermedad. En nuestro mundo, el de las empresas, el nivel de defensas podría corresponderse con el nivel de motivación. Con una motivación alta, es difícil que afecten los rumores. Pero a medida que se va perdiendo, crece la vulnerabilidad a ser infectado.

La teoría me pareció brillante. Tenía todo el sentido del mundo y era una muy buena asociación de ideas: la motivación como fuente de «defensas» contra las infecciones por rumores. Es evidente que con personas motivadas es difícil que se cree el espacio necesario para que la rumorología cuaje o para que se dé credibilidad a un rumor. Sin embargo, entre personas desmotivadas se genera una actitud receptiva a los rumores, y pueden calar hondo.

Fue Alberto quien me sacó de mis elucubraciones:

—De todas maneras, ya te he dicho que no he encontrado el origen de la infección. Sólo tengo largas cadenas de contagios. ¿Qué hacemos entonces?

Dado que desconocíamos al portador original del «virus», nos encontrábamos fuera de la pauta de St. John. No podíamos seguir exactamente los mismos pasos. Además, la última noticia aparecida en la prensa sugería que el próximo paso tenía que ser el aislamiento de los infectados, pero no me parecía que aquella medida se pudiese aplicar en nuestro caso. ¿Quién puede imaginar un aislamiento en una empresa, si no se trata de una emergencia médica?

—En una epidemia aislaríamos a los infectados. Pero no te veo confinando en la cafetería a tus empleados... No lo sé, la verdad. Si se me ocurre alguna idea te lo diré.

Me llamaron para empezar la reunión. Me tocaba presentar nuestras campañas a un nutrido grupo de colegas de diferentes países, una de las tareas más excitantes de mi trabajo y la razón por la cual me había desplazado hasta París. Era como pasar un examen, sabiendo que te darán la nota al instante. Dejé a un lado St. John, las epidemias y los rumores, y me concentré en el trabajo de seducir a los presentes con nuestras propuestas.

Acabamos alrededor de las cinco. Y a las siete habían programado una cena. Ya me podía olvidar definitivamente de pasear por el centro de la ciudad. Aproveché para registrarme en el hotel y descansar un rato. Tumbado sobre la cama, con la televisión encendida de fondo (me encanta oír hablar en francés), volví a pensar en la conversación con Alberto y en la gran pregunta: ¿qué hacemos ahora?

Realmente era absurdo hablar de aislamientos, pero

no me resignaba a abandonar la pauta de St. John. Seguro que debía de haber alguna manera de traducir el aislamiento a nuestro contexto. No sabía cuál, pero seguro que existía. Intenté llamar a Sara. Si me aclaraba un poco más aquella cuestión quizás encontraríamos un camino.

Contestó enseguida. Hablamos un buen rato. Me explicó pacientemente en qué consistía el proceso de aislamiento y las circunstancias en que era posible llevarlo a cabo. Yo le insistía:

—¿Pero en definitiva qué se busca?

—Mira, te lo simplificaré, porque veo que con las explicaciones médicas no consigo que acabes de entenderme. Una epidemia es una cadena de infecciones. Hay que romper la cadena o no tiene fin. Y para romper la cadena hay que romper un eslabón...

¡Ahora sí! Muy bien, todos somos un eslabón en las cadenas de comunicación. Romper un eslabón podía producir el mismo efecto que los aislamientos en una epidemia. Se trataba, en definitiva, de detener la transmisión. Y esto sí que lo podía hacer Alberto. Agradecí a Sara su respuesta a unas preguntas que, como ignorante en la materia, ella se había esforzado por interpretar y responder.

Inmediatamente, envié un mensaje a Alberto:

> Las epidemias sólo se frenan rompiendo las cadenas de contagio. Rompe tú las tuyas. Consigue que un potencial transmisor se avenga a no propagar un rumor y que rompa la cadena. Será tu forma de aislamiento.

De las veintidós personas que participábamos en la reunión, a la hora de cenar sólo quedábamos una decena. Fue agradable, en los jardines de un magnífico restaurante en plena naturaleza, un entorno inesperado en una gran ciudad como París. Algunos de los presentes nos conocíamos de años de «batallas» juntos, y era bueno encontrar un rato para hablar de nosotros, de nuestras familias, de nuestras vidas, sin temas de trabajo de por medio. Al acabar, en lugar de pedir un taxi, decidí dar un largo paseo hasta el hotel. Tenía ganas de estirar las piernas y ninguna prisa por encerrarme en la fría e impersonal habitación del hotel.

Más allá de mi buena voluntad por ayudar a Alberto, el tema de los rumores me había enganchado. Quería aprender sobre ello. Pensaba que uno siempre está expuesto a ellos y que, en cualquier momento, podía encontrarme implicado. A menudo existe una fuerza muy importante que nos empuja a propagar, con voluntad o sin ella, un rumor. Y esta fuerza es el miedo. Cuando se producen cambios, cuando hay incertidumbre, cuando las cosas no están claras, tenemos miedo de lo que pueda pasar. Y proyectamos este miedo con los rumores que difundimos. Acostumbran a ser rumores sobre el peor de los escenarios, sobre lo que más miedo nos da. Los rumores que generamos no son producto de nuestra mala fe, son producto de nuestra actitud defensiva. De nuestro miedo.

¿Y cómo llegar a descubrir las cadenas de transmisión? Indudablemente, era necesario realizar un trabajo previo. Obvio, pero completamente imprescindible: conocer a la gente. A todas y a cada una de las personas. Y, por lo que parece, cada vez es más difícil. A medida que las empresas crecen, dejamos de conocer a algunos compañeros. No hacía mucho que, por primera vez en dieciocho años en la agencia, me crucé por el pasillo con una chica que, a pesar de haberla visto sentada a su mesa en las últimas semanas, no la conocía. No sabía ni quién era, ni qué hacía, y no me había tomado la molestia de hablar con ella ni cinco minutos. Aquél no era un buen camino. Porque en el conocimiento individual de las personas está la clave para que funcione la comunicación.

5

Romper la cadena

Hotel Caneel Bay, St. John. Islas Vírgenes Americanas
Lunes, 19 de mayo de 2003

En la oficina del director del hotel, pegado a la pared con cinta adhesiva, un gran folio mostraba un cuadro con todas las conexiones entre las personas infectadas. En la casilla central figuraba un nombre: Stephen Miles. De él partían todas las vías de transmisión. Doscientas noventa y cuatro personas, entre huéspedes y personal del hotel. Sólo quedaban fuera noventa y ocho nombres. Los expertos del CDC ya tenían todas las piezas del rompecabezas. Habían trabajado toda la noche para que cuadrase aquella compleja red. Ahora sólo tenían que poner en marcha la estrategia para llevar a cabo la única acción que detuviera la epidemia antes de que las personas sanas la sufrieran: impedir nuevos contagios mediante medidas de aislamiento.

Las medidas aplicadas en un principio con las personas que mostraban síntomas y las potencialmente infectadas no podían ser efectivas si no se identificaba la totalidad de la cadena de contagios, incluyendo los portadores sanos y los casos inaparentes o subclínicos, sin síntomas evidentes. Un solo infectado que no estuviera en la zona de aislamiento podía crear, en pocas horas, una nueva cadena de transmisiones y reproducir rápidamente la epidemia.

Los expertos del CDC debatían la manera en que se debía de hacer efectivo el proceso:

—Un 75 % de la gente ha estado en contacto con la infección. Es un grupo demasiado grande. No tiene sentido aislarlos.

—Y tampoco disponemos del espacio para hacerlo.

—Contemplemos otra opción: el aislamiento inverso. Miremos de proteger a los que sabemos que no han estado expuestos a la infección, en lugar de los que ya están enfermos o han estado en contacto con la enfermedad. Sólo son un centenar.

—¿Dónde los podríamos ubicar?

—En el complejo de Turtle Bay. Se encuentra en el extremo opuesto a la zona de hospitalización.

—Parece la mejor opción...

Cerca de la playa de Turtle Bay, donde el hotel disponía de algunas de las mejores habitaciones, establecieron la zona «limpia», libre de infección. Los noventa y ocho huéspedes fueron trasladados allí con la esperanza de que, efectivamente, ninguno de ellos hubiese estado en contacto con la infección. Era, sin duda, un aislamiento de lujo, pero aquello no disipaba el temor de los huéspedes. Era un grupo reducido, la minoría que no había estado en contacto con ningún portador. Los que más tiempo habían resistido a la expansión del virus a través de los huéspedes infectados.

En la zona de hospitalización, además de realizar un estricto seguimiento de cada enfermo, los médicos dispensaban todas las atenciones necesarias a los afectados. La infección no tenía un tratamiento específico y no había ningún medicamento que la pudiese curar. Todo quedaba en manos de la resistencia de cada paciente y de los tratamientos de los síntomas y de las posibles complicaciones.

Se produjeron nuevas bajas, especialmente entre los grupos de mayor riesgo: la gente mayor y los que sufrían alguna otra enfermedad, que se había agravado con la infección. Eran malas noticias que caían como un jarro de agua fría tanto entre los equipos médicos como entre los huéspedes enfermos. Cada muerte sumía a la gente en un silencio rebosante de miedo. Estallaba algún llanto desesperado, y el consuelo llegaba en forma de abrazo y un susurro de palabras tranquilizadoras.

Paralelamente, el número de afectados que experimentaban una clara mejoría se incrementaba hora tras hora. Los expertos se ocuparon de que se extendieran las buenas noticias. Era necesario subir la moral para compensar la tensión de tantos días.

Carol fue de los primeros pacientes que los médicos declararon fuera de peligro. Lo había conseguido. Susan evolucionaba favorablemente y Alan, que había vuelto a su lado después de superar las complicaciones cardíacas, también tenía un buen pronóstico. El matrimonio, sin embargo, debería pasar todavía un tiempo prudencial de convalecencia. Los tres, una vez superada la infección, eran inmunes. Su organismo había desarrollado las defensas necesarias. No podían volver a enfermar por la misma causa y, por lo tanto, no corrían ningún peligro.

Dadas las medidas de aislamiento inverso, Carol podía moverse sin restricciones por todo el complejo, exceptuando la zona «limpia». Estaba oficialmente autorizada a volver a su habitación y hacer una vida relativamente normal en el hotel, que sólo contaba con los servicios imprescindibles, pero siempre dentro de los límites del complejo. La cuarentena, sin embargo, no quedaba levantada ni se levantaría hasta que la epidemia se considerase controlada. A pesar de que Carol podía abandonar la zona de hospitalización, no lo hizo. Ella, que había tenido la suerte de superar la enfermedad, quería permanecer, como Stephen, al lado de los enfermos, dando ánimos y ayudando a los exhaustos equipos médicos que hacían guardia permanente.

Para los expertos del CDC era el momento de evaluar si el protocolo que habían seguido era idóneo y, por tanto, se producía un descenso inmediato en la aparición de nuevos casos, a la vez que no aparecía ninguno entre los aislados en la zona «limpia». A pesar de la expectación, se constataba un cierto ánimo positivo; la situación podía estar finalmente controlada.

De repente, una llamada truncó el relativo optimismo del equipo. La recibió el director del hotel. Era un proveedor que tenía el almacén en St. Thomas:

—Jack, he pensado que lo teníais que saber. Uno de nuestros repartidores se ha puesto enfermo. Fiebre, dolor de cabeza, mareo... síntomas como los de la gente del hotel.

—¿Ha estado por aquí?

—Sí, un par de veces. Os ha traído provisiones. Tomó precauciones, pero ha estado en contacto con tu gente...

La crisis acababa de dar un nuevo giro. La esperanza parecía esfumarse. El CDC se puso inmediatamente en contacto con la sede de Atlanta. Si la información se confirmaba y había un afectado fuera de St. John, la epidemia se les podía escapar de las manos en pocas horas. Desde la sede central enviaron un nuevo equipo a la vecina isla de St. Thomas, que recogió muestras del repartidor. Se abría un período de tensa espera, el resultado de los análisis no se sabría hasta pasadas cuarenta y ocho horas.

En St. John, el director del hotel recibía una llamada de la directora del CDC, desde Atlanta. Le hacía una petición lógica y esencial.

—Jack, este episodio ha de mantenerse en la más estricta confidencialidad. No podemos sembrar el pánico en St. Thomas. Necesitamos tiempo —el estrictamente necesario— para confirmar los análisis y diseñar un plan de choque. Te lo pido porque, con los informes en mano, creo que podía tratarse de un falso positivo.

Aquel atardecer, el sol se puso en mitad de una tormenta. El cielo había ido tiñéndose de tonos morados, unas nubes negras se habían levantado en el horizonte y ahora avanzaban con rapidez amenazando lluvia. El cielo quedó completamente cubierto, totalmente negro. Tronó y llovió. Primero cuatro gotas gruesas, que chasqueaban al caer al suelo y, justo después, acompañada de un estrépito que se aceleraba por momentos, una cortina de agua intensísima impedía ver más allá de un par de metros. Una típica tormenta tropical. Al cabo de un rato, un rayo de luz atravesó las nubes. Era el indicio de que el chaparrón tenía los minutos contados. Poco a poco, el cielo empezó a serenarse.

Parecía que la tormenta lo hubiese limpiado todo: el aire era un poco más fresco, los olores se habían intensificado, las hojas de las plantas y algunos charcos en el suelo reflejaban brillos de luz. Stephen contemplaba el espectáculo desde la terraza principal del hotel. Ajeno a la alarma que hacía poco se había desatado en el despacho del director, esperaba que todo ello fuese una señal y que la peculiar tormenta empezase a remitir. Que la curación de Carol fuese el primer rayo de luz, que el panorama se serenase muy pronto y que todo volviera a la normalidad.

Barcelona
Miércoles, 21 de mayo de 2003

Me encontraba en un plató de rodaje de un anuncio, la parte más vistosa de nuestro trabajo y, de hecho, la culminación de un largo proceso. Me gusta asistir a los rodajes, es entretenido e interesante, aunque hay momentos aburridos, como cuando se repite veinte veces una escena hasta que el director la da por buena. En el mejor de los casos, dedicamos dos días a rodar los veinte segundos de imágenes que finalmente se emitirán por televisión. Son dos días con muchos tiempos muertos para los que, como yo, no participamos directamente en el proceso.

En una de las pausas del rodaje, aproveché para llamar a Alberto. Habían pasado dos días desde la última vez que había hablado con él, desde París. Me dijeron que no estaba, y pedí que le dejasen nota de que me llamara. Estaba impaciente por saber si había conseguido romper las cadenas de contagio, nuestra particular interpretación del «aislamiento» que debía realizarse en una epidemia real, y si había encontrado una respuesta a la gran pregunta sobre el origen del «virus» de su empresa.

Hacía unos días que la prensa no decía nada sobre el caso de St. John. Una primera ojeada al periódico, durante una de las pausas del rodaje, me persuadió de que continuaban sin citar la actualidad de la isla. Pero, ¡sí!, repasándolo con más atención encontré una breve nota:

> ST. JOHN, SE ROMPE LA CADENA DE CONTAGIOS.
> Los especialistas del CDC pueden haber parado la cadena de contagios de la epidemia del hotel Caneel Bay, en las islas Vírgenes Americanas. Las medidas de aislamiento han sido efectivas, y sólo se han registrado dos nuevos casos en las últimas veinticuatro horas. Los médicos desplazados a la zona se dedican principalmente a paliar los síntomas de los enfermos, ya que no se conoce un tratamiento específico para la enfermedad. La zona se mantiene en cuarentena.

Sonó el móvil cuando leía la última línea. Era Alberto. Quedamos para tomar un café. Yo me escaparía del rodaje a media mañana y él se encontraría conmigo en un bar cercano al plató.

—¿Y si invitaras a Sara? —le sugerí.

—Lo haré. Pero no sé cómo lo tendrá.

Al cabo de unos minutos, un SMS de Alberto me anunciaba: «Contamos con Sara».

Sara ya estaba en el bar cuando llegué yo, alrededor de las once. Mientras esperábamos a Alberto, comenté con ella la información que había leído en el periódico. Me sorprendía que los médicos sólo pudiesen combatir los síntomas de la enfermedad.

—¿Puede que una infección no tenga tratamiento?

—Desgraciadamente, sí. En la mayoría de infecciones víricas no hay un tratamiento eficaz.

—¿Y por qué? ¿No se investiga?

—Sí, sí que se investiga. Pero el problema es que las terapias que se encuentran, cuando son efectivas, tienen demasiados efectos secundarios, ya que no se puede atacar a los virus sin afectar a la célula que los contiene. Nos encontramos con que, en la mayoría de casos, los efectos secundarios de los tratamientos no compensan el beneficio.

—¿Y qué se puede hacer entonces?

—Al final se trata de aplicar medidas para combatir los síntomas y esperar que la capacidad de lucha del propio cuerpo acabe ganando la batalla.

—¿Esto es todo?

—Me temo que sí. Por eso es especialmente válido con las enfermedades infecciosas ese principio de que «más vale prevenir que curar».

Alberto nos encontró centrados en el tema y se incorporó a la discusión poniéndonos al día de la situación en su empresa.

—La mala noticia es que todavía no he encontrado el origen de la infección. La persona o las personas que originaron los primeros rumores se me escapan. Ni siquiera sé qué decían exactamente los primeros rumores. La buena noticia es que creo que he conseguido romper algunos eslabones de la cadena de contagio. Estoy seguro de que he podido «aislar» a gente importante para la organización.

—¿Cómo lo has hecho?

—Mirad, vi que no tenía tiempo para actuaciones a gran escala ni para ir desmintiendo las grandes «bolas de nieve» de los rumores. El mal ya está hecho, y no es fácil combatirlo. Por eso decidí utilizar otra estrategia: llevar a cabo acciones simbólicas sobre grupos muy concretos con la finalidad de reconstruir la confianza y romper la inercia de los rumores que nos invade.

—Caramba, Alberto, así que «acciones simbólicas»... —sonreí.

—Sí, hombre. Si no te gusta decirlo así, ponle el nombre que quieras. Quiero decir que me he dedicado a dar información con todo tipo de detalles sobre pequeñas cosas que me parecían irrelevantes, pero que generaban algún rumor. Por ejemplo: el director europeo ha anulado una visita que tenía prevista, y se especulaba sobre si esto significaba que teníamos problemas. Pues bien, me he dedicado a explicar a una serie de personas, una por una y personalmente, los motivos de la anulación de la visita. Y he notado que he recuperado la confianza perdida de algunos miembros del equipo.

Alberto había aplicado de forma intuitiva el principio de prevención que había mencionado Sara hacía unos minutos, antes de que él llegara. Anticiparse a cada posible rumor proporcionando una información real y precisa era la forma de evitar «infecciones».

—¿O sea que estáis volviendo a la normalidad? —le pregunté.

—No del todo, pero quizá se respira más tranquilidad. Y me parece que voy por el buen camino para romper la inercia, evitar «contagios» y parar la generación constante de rumores. Pero no es fácil. Tengo grupos importantes que ya están «infectados» y que no sé cómo «curar»... y la verdad es que no me gustaría perderlos. Son personas importantes para la empresa.

—Pues nosotros no tenemos muy buenas noticias. Sara acaba de explicarme que la mayoría de infecciones por virus no tienen un tratamiento específico...

Estuvimos valorando la situación. Efectivamente, las terapias que se nos ocurrían para los «infectados», como cambiar a algunas personas de departamento o dividir grupos, presentaban unos efectos secundarios peligrosos, sobre todo en lo referente a desmotivación y desconfianza. Nos podía pasar, como en el caso de las infecciones víricas, que los efectos secundarios de los tratamientos no compensasen el beneficio. Sara nos sugirió un camino:

—Nosotros luchamos controlando los síntomas de los enfermos: no dejamos que tengan aumentos de temperatura, mantenemos una buena hidratación, controlamos cuidadosamente las posibles complicaciones...Quizás esto es lo que tenéis que hacer en la empresa.

Era una buena idea. De hecho, era todo lo que podíamos hacer. Controlar «subidas de temperatura» en forma de conflictos y, sobre todo, estar alerta ante posibles complicaciones. Y esperar que ellos mismos superasen la enfermedad, sin descartar que se produjese alguna baja.

Alberto aún nos puso un tema más sobre la mesa:

—Mi estrategia de «rotura de cadenas» es clara: intento ofrecer toda la información posible para evitar que, si falta, se sustituya por rumores. Pero existe otra cuestión. Hay información reservada que sería contraproducente hacer circular porque podría perjudicar a alguien o utilizarse mal. ¿Qué hago entonces?

No era un problema sencillo, porque suponía la confrontación de la transparencia como herramienta de lucha contra los rumores, por un lado, y el riesgo de ofrecer informaciones confidenciales por otro. Sara, después de discutir un buen rato, aportó la solución haciendo gala de una lógica aplastante:

—Si la solución a los rumores es la transparencia, ¿no es un acto de transparencia reconocer que hay una determinada información que, por el motivo que sea, no se puede dar?

Lo que venía a decirnos Sara era que, para mantener la confianza, no necesitábamos ofrecer toda la información. Pero debíamos manifestar claramente que una información determinada no se podía dar y explicar el motivo. Reconocer que una información era confidencial era tan transparente como darla.

—Estamos avanzando —dijo Alberto—. Pero me obsesiona no encontrar el origen de la epidemia. No estaré tranquilo hasta averiguarlo. Si no encuentro la fuente, la infección puede reproducirse en cualquier momento.

—¿Dónde te encallas?

—Es desconcertante. Siempre llego al mismo punto. El punto en que se pusieron sobre la mesa una serie de informaciones que se distorsionaron rápidamente, pero es imposible averiguar de dónde salieron. El rumor sobre el mal funcionamiento de la empresa parte de alguna información que no encuentro. Y lo mismo ocurre con el rumor sobre el despido del director de marketing. No llego a descubrir quién dio pie a estos rumores.

—¿Y no podría ayudarte alguien?

—Parece que no. Incluso he hablado con Pablo. Como ha abandonado la empresa, pensaba que, si lo sabía, me lo diría. Pero no he sacado nada en claro. La intriga se mantiene...

De noche, mientras volvía a casa después del rodaje, reflexioné sobre lo que se derivaba de «la acción simbólica» de Alberto para romper las cadenas de contagio. Él había decidido no actuar sobre los conflictos principales, sino sobre cosas pequeñas que pudieran ejemplificar un nuevo estilo. Lo encontraba muy acertado, porque a veces no es necesaria una gran actuación para resolver un gran conflicto, especialmente en lo concerniente a la comunicación. Se puede actuar en aspectos aparentemente más insignificantes, pero que resulten muy visibles. Las personas toman nota y lo extrapolan al resto de actuaciones. Levantarse de una mesa durante una comida en la que se está hablando mal de alguien es sólo un gesto, pero dice mucho de la actitud de quien lo practica frente a la crítica a los demás. Es una actuación que, siendo simbólica, supone ganar la batalla psicológica y cambiar totalmente la percepción de la gente. Ganar la batalla de la percepción, pensé, te hace ganar las batallas reales.

6

El control de la epidemia

Hotel Caneel Bay, St. John. Islas Vírgenes Americanas
Miércoles, 21 de mayo de 2003

Los miembros del CDC de St. John estaban en alerta. Si se confirmaba el posible contagio del repartidor de St. Thomas, se verían inmersos en un proceso epidémico de proporciones incalculables.

Después de cuarenta y ocho horas de tensa espera, recibieron los análisis. El resultado era concluyente y claro: el repartidor sufría una gripe común. Era una cepa agresiva, pero no tenía nada que ver con la infección de St. John. Todos respiraron tranquilos. Con aquellos resultados en mano, y dado que en St. John no se había declarado ningún otro caso en los últimos días, podían considerar que la crisis se había superado. Las autoridades no tardaron en decretar el fin de la cuarentena. Tan sólo el área de hospitalización quedaba operativa y debidamente aislada para atender a los últimos enfermos, quienes no podrían recibir el alta hasta pasados unos días más.

Al día siguiente se iniciaron los preparativos para abandonar St. John. Primero lo harían los equipos médicos, después, los huéspedes del hotel. A media mañana, y después de diez días de un aislamiento absoluto, el primer ferry abandonaba el embarcadero del hotel, con los expertos del CDC y el material científico a bordo. Era la primera vez que aquel ejército mostraba el rostro y su sonrisa, liberados de los monos azules y las máscaras de protección. La imagen certificaba gráficamente el final oficial de la epidemia.

Al cabo de pocas horas, los primeros grupos de huéspedes empezaron a abandonar el complejo.

El equipo del hotel podía, finalmente, respirar aliviado. Habían conseguido mantener operativas las instalaciones con un mínimo de plantilla, y el personal había hecho un esfuerzo enorme para que funcionasen los servicios mínimos. El director sólo esperaba que llegase el momento de la partida del último de los huéspedes para cerrar el complejo unas semanas y dar a su gente el descanso que merecía.

Liberado de la tensión, Jack observaba el movimiento del complejo desde la terraza del edificio central. Toda la crispación, la angustia y el miedo de los últimos días habían desaparecido. Vio en el jardín a Stephen Miles y Carol Baker, de la 309, y al matrimonio Rees, de la 208, quienes, con las maletas a punto, esperaban el aviso para ser trasladados al embarcadero. Intercambiaban comentarios y alguna sonrisa. Al director, aquella normalidad le sabía a gloria. Nadie podía reprochar nada a nadie.

Todo había sucedido por un cúmulo de circunstancias fortuitas, que habían hecho que un huésped infectado aterrizase en el hotel en plena fase de contagio de un virus que había contraído a miles de kilómetros de allí. Un episodio que podía haber sucedido en cualquier otro lugar. Muy diferente habría sido, para la reputación y la imagen del Caneel Bay, que la infección se hubiese relacionado con el agua, los alimentos o las condiciones del hotel. Podía estar tranquilo, porque además contaba con el reconocimiento unánime de todos los huéspedes de haber recibido el mejor trato posible durante el aislamiento. Todo el mundo les había reconocido el esfuerzo y la dedicación.

Una vez en la terraza, el médico se acercó al director, observando cómo, poco a poco, todo volvía a la normalidad.

—Parece que lo hemos conseguido —dijo el director con una sonrisa.

—Sí, parece que sí.

—¿Sabes? Tengo una deuda contigo...

—Si lo dices por las «horas extras», te lo puedes ahorrar. Es mi trabajo.

—No, no es por las horas extras, que también. Es por tu intuición. Me convenciste de alertar al CDC en cuanto tuvimos los primeros casos. Yo no lo veía claro. Significaba difundir una información muy negativa para el hotel. Me daban miedo las repercusiones. Y ahora veo que, si no llega a ser por tu insistencia, las cosas hubieran sido muy diferentes.

—Creo que los dos hicimos lo que teníamos que hacer. Yo también sabía que si se hubiese limitado a una falsa alarma, te hubiese hundido, y me habrías matado... De verdad, confiaste en mí y te lo agradezco.

—Nos hemos ganado un buen descanso.

—Sí. Pero hay una cosa que todavía tenemos que hacer, y necesito tu ayuda.

—Dime...

—Hemos superado una gran crisis. Y sí, la hemos superado bastante bien. Pero como médico y como persona, cada baja me duele mucho. Has de ayudarme a convencer a las autoridades para que las cosas no queden así. Para que se dediquen recursos a la investigación de una vacuna. Sólo así podemos asegurar que un episodio como éste no vuelva a producirse ni aquí ni en ningún otro rincón del mundo.

—Cuenta conmigo. Pero no pierdas de vista que no será por nosotros ni por nuestra opinión que se desarrollará una vacuna. Será por la repercusión que haya podido tener el caso...

Estaban a punto de abandonar la isla. Stephen no podía librarse de la aflicción que sentía.

—Nosotros volvemos, pero hay quien no ha tenido tanta suerte. Lo siento tanto... Yo no lo podía saber, pero en el fondo todo ha sido culpa mía...

—Stephen, no tienes la culpa —dijo Susan—. Lo sabe Carol, lo sabe Alan, lo sé yo... y lo saben todas y cada una de las personas con las que hemos compartido los últimos días. No has sido el responsable, han sido las circunstancias las que nos han llevado a esta situación. Fuiste a Brasil con la sincera intención de ayudar, y eso es lo que cuenta. Lo que ha pasado después escapa a tu voluntad...

Antes de subir al ferry, los cuatro dieron un último vistazo al paraíso que dejaban. «Algún día volveremos, y todo será distinto», dijo Alan. Sí, sin duda, asintieron todos. Stephen y Carol se abrazaron. La pesadilla quedaba atrás, volvían a casa juntos.

Barcelona
Viernes, 23 de mayo de 2003

Volvía a la rutina diaria del trabajo: no tenía ninguna reunión, ni ningún rodaje. Necesitaba una jornada tranquila en la oficina para atender al montón de papeles que se me acumulaban. Es increíble lo que se llega a acumular cuando pasas unos días fuera.

Sobre todo aquel montón de trabajo pendiente, vi una invitación que había llegado por mensajero. La enviaba Alberto y era una invitación a una cena. Me sorprendió. Normalmente nos citábamos por teléfono o por correo electrónico. Era una invitación muy formal y en un restaurante especial. Era —y él lo sabía— mi preferido.

Antes de empezar mi trabajo, seguí el ritual de echar un vistazo a la prensa. Desde el último artículo que informaba de que la cadena de transmisiones del Caneel Bay se había roto y que se habían llevado a cabo los aislamientos, no había leído nada más. Estaba seguro de que aquello debía suponer el fin de la epidemia, pero tenía la necesidad de leerlo.

> La epidemia remite en St. John.
> Después de cuarenta y ocho horas sin nuevos afectados, las autoridades han confirmado oficialmente que el brote epidémico ha terminado. Los expertos del CDC han abandonado el complejo hotelero de Caneel Bay. Sólo un grupo de médicos permanece en el hotel para atender a los últimos afectados. Los turistas que han recibido el alta y los que no han sufrido la epidemia han abandonado el hotel. A pesar de los enormes esfuerzos del equipo médico y de los expertos, y de la rapidez de las actuaciones, la epidemia se cierra con un saldo de cuarenta y cuatro bajas. A la vista de este balance, en la sede central del CDC, en Atlanta, ya se habla de iniciar el proceso de investigación para obtener una vacuna, la única vía para evitar episodios como el de St. John. No obstante, fuentes consultadas afirman que serán necesarios años de investigación y muchos recursos para obtenerla, si es que llega a obtenerse.

Era una buena noticia, pero me dejaba un sabor amargo. El balance de bajas era muy importante. Hasta entonces había utilizado el recurso de comparar las bajas en la empresa de Alberto con las bajas en Caneel Bay, pero era muy distinto. Una cosa es dejar el trabajo y otra muy distinta perder la vida. Y los rumores, claro, nunca se podrán comparar con los virus de una epidemia en cuanto al poder destructivo. Ojalá fuesen capaces de encontrar la mencionada vacuna y que no se volviese a repetir un caso como aquél.

En la empresa de Alberto parecía que la situación también había mejorado. Había sido capaz de retener *in extremis* a un colaborador que se marchaba. Por lo que sabía, el ambiente volvía a ser el de siempre: volvía a circular la información y a tejerse la confianza. Todo volvía progresivamente a su lugar. Se había superado un episodio peligroso que había afectado al conjunto de la organización y que habría podido resultar nefasto para la empresa. Un episodio que, al menos para mí, todavía guardaba una gran incógnita: el origen de la «infección», la fuente que había originado los primeros rumores.

—¿A qué viene tanto formalismo? —pregunté a Alberto tan pronto como me senté a la mesa del restaurante donde él me esperaba.

—Quería agradecerte tu ayuda durante mi particular «epidemia».

—Ha sido un placer y no me tienes que agradecer nada. He aprendido muchísimo por el camino...

Estuvimos un rato recordando todo el episodio. Nuestros encuentros. Nuestros mensajes. La sorpresa inicial de Alberto ante mi descabellada teoría, y la rapidez con que la hizo suya, cosa que pude constatar por el vocabulario médico que utilizaba cuando hablaba del problema en su empresa. No supe evitar hacerle la gran pregunta:

—Dime, ¿has llegado a descubrir el origen de los rumores?

La gran sonrisa de Alberto me avanzaba su respuesta.

—Sí, y éste es uno de los motivos de nuestro encuentro hoy.

—¿Cuándo lo averiguaste?

—Ayer. Encajé las últimas piezas. De repente, todo tenía sentido.

—¿Y? ¿Es alguien en concreto?

—Sí. Una única persona. Y lo peor de todo es que no puedo despedirle, ni guardarle rencor.

—¿Y eso?

—Lo entenderás cuando sepas quién es...

—¿Le conozco, entonces?

—Lo tienes ante ti.

No lo entendía. ¿Me estaba diciendo lo que yo pensaba que me estaba diciendo?

—¿Tú?

—Sí. Yo.

Me quedé de piedra. No tenía sentido. ¿Cómo podía ser Alberto el origen de la peor crisis que había sufrido su empresa en los últimos años? ¿Qué sentido tenía?

—Mira... Como sabes, cuando rastreé las diferentes cadenas de contagio conseguí identificar tres rumores diferentes como punto de origen de la infección. Pero estos tres rumores no tenían un nexo en común. Las cadenas acababan allí. No había más. Después de romperme los cuernos buscando los posibles «culpables», ayer, en mi despacho, me di cuenta que yo había sido el ingenuo inductor.

Recuperábamos el hilo de Caneel Bay: un portador inocente, que ignoraba lo que estaba provocando...

—Después de darle vueltas y más vueltas, recordé toda la película. Yo había provocado aquellos rumores. Por descontado, lo había hecho sin darme cuenta de lo que estaba provocando, pero lo había hecho.

—¿...?

—¿Recuerdas la remodelación del equipo directivo?

—Sí, me hablaste de ello. Querías hacer una promoción que nadie se esperaba...

—Sí, la de Marta. Pero también suponía la promoción del director de marketing, y el movimiento de varias personas más que cambiaban de departamento. Pues bien, justo después de decidir la reestructuración, y cuando yo —y sólo yo— la conocía, lancé tres mensajes en tres contextos diferentes que, mal interpretados y cruzados, desencadenaron todo el proceso.

—Explícate. Me muero de curiosidad.

—El primer mensaje lo lancé en una reunión con el equipo de marketing. Me propusieron modificar sustancialmente la estructura del departamento y reorganizar determinadas funciones. Todo ello, a pocos días de que se hiciese efectivo el cambio de responsable del departamento, algo que ellos ignoraban. No recuerdo lo que les dije exactamente, pero fue algo así como: «No hagamos nada que pueda condicionar el futuro inmediato del departamento». Sin darme cuenta, acababa de abrir la puerta a la especulación. El rumor número uno no tardó en aparecer: «El director de marketing se va a la calle».

Tenía sentido. El comentario que había hecho Alberto daba pie a muchas interpretaciones, entre ellas, la del rumor.

—El segundo mensaje lo lancé sin saberlo en una reunión de nuevos proyectos. Se planteó el inminente lanzamiento de un producto, un hecho que implicaba a muchos departamentos. Consciente de los cambios directivos que estábamos a punto de hacer, pensé que debíamos esperar. Les dije: «Quizá no sea un buen momento para ponerlo en práctica». Al día siguiente ya circulaba el segundo rumor: «Las cosas van mal», que al cabo de pocos días se había transformado en «Están a punto de echar a mucha gente».

Alberto sabía el porqué de su comentario, pero los otros no. El rumor estaba servido.

—Y, finalmente, llegó el tercer mensaje, aunque éste fue mucho más subliminal. Nos tenía que visitar el director europeo. Estuvimos preparando la reunión con Marta en mi despacho. Pasamos la tarde juntos, trabajando, a la vista de todo el mundo. Al acabar, en la cafetería de la empresa, le hice un comentario que hacía referencia al informe que habíamos redactado: «Marta, esto está hecho». Quien oyó el comentario no podía saber a qué me refería, pero le encontró un significado altamente intoxicante después de que yo anunciara los primeros cambios y la promoción de Marta: «Una reestructuración hecha a la medida de Marta», que inmediatamente se convirtió en el tercer rumor: «Entre Marta y Alberto hay algo».

Aquélla era, sin duda, una interpretación maliciosa.

—En resumen, tres mensajes míos completamente ingenuos generaron tres rumores destructivos. Había servido en bandeja toda la munición necesaria para desencadenar la epidemia. Y todo por un único motivo: la diferencia de información que yo tenía con relación a los demás.

Aquello añadía una nueva dimensión a la complejidad de los rumores: cuando existe una diferencia importante entre la información que tenemos unos y la que los otros conocen es fácil que se malinterprete un comentario y que, en consecuencia, se genere un rumor.

—De todas maneras, tú actuaste con la más absoluta ingenuidad —le dije—. Pero, detrás tuyo, otros no han sido tan ingenuos.

—Efectivamente. Lo que en un principio eran malas interpretaciones, pasaron a ser rumores claramente malintencionados a partir del tercer eslabón de la cadena...

Habíamos cerrado el círculo. Como en St. John, podíamos considerar el caso resuelto y hacer el balance de bajas. Alberto todavía tenía personas convalecientes, pero la epidemia había terminado. Los dos habíamos aprendido un montón de cosas que nos ayudarían en el futuro. Después de una larga pausa, Alberto me dijo:

—Escucha, te lo querría haber preguntado hace tiempo: ¿Cómo sabías lo que teníamos que hacer en cada estadio?

—Es muy sencillo. Lo leía en el periódico.

—¿En el periódico?

—Sí. Después de nuestra primera cena, en el avión que me llevaba a Düsseldorf leí la noticia de una epidemia en el Caribe. Me llamó la atención porque conocía el lugar. El artículo citaba dos bajas, como en tu empresa. Aquella noticia fue la que me inspiró la idea de tu epidemia.

A partir de aquel momento, estuve siguiéndola día tras día. Lo que pasaba en el Caribe, pasaba en tu empresa. Lo que leía que hacían era lo que yo te proponía...

—O sea que mi epidemia tenía un referente real.

—Exacto. Absolutamente real.

—¿Y acabó bien?

—Depende de cómo lo mires. Ellos descubrieron relativamente pronto al responsable de los contagios. Pudieron llevar a cabo los aislamientos. Y la epidemia se controló enseguida. Pero ha habido muchas bajas. Y no bajas como en tu empresa; gente que ha perdido la vida. En una epidemia médica, la curación de los infectados no es sencilla...

Se nos hizo tarde. Alberto me acompañó a casa.

Aquella noche no dormí bien. Al día siguiente me levanté con una inquietud que no me quitaba de encima: habíamos acabado el proceso de forma satisfactoria, pero podría haber ido muy mal. O incluso podía repetirse. Y también nos podía pasar a nosotros, en nuestra agencia. Cerrar el proceso no era suficiente. Como con el Matagalpa, quizás había llegado el momento de garantizar que no volviese a provocar ningún otro brote epidémico; quizá nosotros también teníamos que intentar descubrir nuestra propia vacuna.

7

La vacuna

Vuelo Lufthansa 8555 Barcelona-Düsseldorf
Lunes, 26 de mayo de 2003

Volvía a volar con destino a Düsseldorf. Era como revivir la película *Atrapado en el tiempo*. El mismo vuelo, me atrevería a decir que la misma azafata, el mismo día gris, los mismos nervios. Y en la misma búsqueda de una forma de distraerme, ojeaba la prensa. Esta vez sabía que no habría noticias de St. John; no me encontraría con el titular que me habría gustado leer con grandes letras: «EPIDEMIA DE ST. JOHN: ENCONTRADA LA VACUNA».

La vacuna era la solución definitiva para aquel potente virus. Y nosotros también necesitábamos nuestra «vacuna» particular. El día anterior había tomado un café con Sara y le había preguntado cómo funcionaba, cómo se obtenía una vacuna.

Me proporcionó algunas nociones básicas, pero me prometió unas notas más detalladas que me aclararían todas la dudas. Las notas me habían llegado aquella misma tarde. Ahora, a 10.000 metros de altura, las estudiaba:

> Hay una inmunidad natural que es aquella con la que nacemos y que hemos heredado. Nos protege de un gran número de infecciones comunes. Pero también hay una inmunidad adquirida que se consigue a lo largo de la vida de cada persona. Se adquiere de forma automática, cuando la persona sufre una infección y genera defensas para afrontarla, de manera que ya no la volverá a sufrir.

Aquel era un punto interesante. Significaba que, en la empresa de Alberto, probablemente se habrían inmunizado contra rumores como los que habían sufrido. Era una buena defensa, pero no les garantizaba que no volviesen a ser víctimas de otro tipo de rumores...

> Pero también se puede adquirir inmunidad a las infecciones no sufridas de forma artificial, mediante las vacunas.

¡Este era el camino que me interesaba! El sistema para protegerse de nuevos rumores.

> El objetivo de la vacuna consiste en desarrollar una inmunidad similar a la que se produce cuando se sufre la enfermedad de forma natural, pero sin que el paciente sufra el cuadro clínico de la infección.

Muy bien, esto era lo que teníamos que buscar. Protección sin tener que pasar por el «rosario» de una nueva epidemia. Pero no era tan fácil.

> En alguno casos, la protección adquirida es para siempre, pero en otros sólo se mantiene durante un tiempo limitado. Y las vacunas no siempre protegen al 100 %. Cada vacuna tiene su particular nivel de protección.

No era la panacea, pero probablemente era lo mejor a lo que se podía aspirar. Y, como descubrí cuando continué leyendo, el efecto no sólo era individual.

> Las vacunas son, sin duda, el mejor medio para luchar contra las epidemias, porque no sólo proporcionan una protección individual, sino que juegan, además, un papel sobre la comunidad: rompen las cadenas de transmisión que propagan el virus, evitando que mucha gente sufra la enfermedad.

Aquélla era una función trascendental para preservar la integridad de las organizaciones. Si en una empresa se conseguía que las infecciones fuesen limitadas, no habría la suficiente «masa crítica» de personas difundiendo rumores como para ponerla en peligro.

Sumergido en las notas de Sara, no me di cuenta de que el avión estaba a punto de aterrizar en Düsseldorf.

Después de la reunión en la agencia, di mi habitual paseo por la orilla del Rin para evadirme un poco del trabajo. ¿Cómo podíamos activar nuestras defensas para evitar una epidemia de rumores?, pensaba mirando las barcazas. ¿Cómo inmunizarnos contra este virus tan potente? Aquello escapaba a mi alcance. Como en el caso de las vacunas médicas, necesitaba una buena dosis de inversión en horas y en conocimientos. No era un proyecto que pudiese llevar a cabo solo.

Recordando mi primer mensaje a Alberto, el que había desencadenado todo el proceso, le envié un SMS invitándole a compartir el proyecto. Decía:

> Hemos superado la epidemia. Pero no sabemos cuándo podemos sufrir la próxima. ¿Y si buscamos la vacuna?

De vuelta en Barcelona, nos reunimos Alberto, Sara y yo y nos pusimos manos a la obra. Antes que nada debíamos discutir las bases, y después ya contaríamos con el asesoramiento de expertos en la comunicación interna de las organizaciones.

—¿Qué buscamos exactamente? —preguntó Sara.

—Protección ante los rumores. Desarrollar la inmunidad, sin tener que sufrir más episodios.

—Pocas vacunas protegen al 100 %, ya te lo dije, y no todas lo hacen durante un tiempo ilimitado...

Ciertamente. No podíamos creer que encontraríamos una solución definitiva que nos protegiese contra todo tipo de rumores y para siempre. No obstante, debíamos ser ambiciosos y aspirar a una vacuna lo más universal posible y de un efecto tan largo como fuésemos capaces de encontrar.

Sabíamos que nuestra particular «vacuna» debía estimular la comunicación interna para que no dejase entrar rumores. Pero enseguida descubrimos que no teníamos que crear instrumentos nuevos, ni nuevos protocolos de comunicación. No era una cuestión de formas, sino de fondo. Conseguir una buena comunicación interna, que «inmunizara» a una organización del poder infectivo de los rumores dependía de la creación de un clima de confianza entre la gente. Con confianza, se produce un intercambio natural de información.

Después de intensas sesiones de trabajo, durante las cuales invitamos a diferentes expertos, obtuvimos nuestra particular «vacuna». Un conjunto de actuaciones que podemos llevar a cabo cada uno de nosotros en nuestro entorno para que funcione la comunicación interna y, así, inmunizarnos e inmunizar a los demás contra los rumores.

Como vacuna tiene una virtud: es fácil de administrar y no provoca ningún tipo de reacción. Pero tiene dos grandes limitaciones: no garantiza el 100 % de inmunidad y, sobre todo, su protección tiene duración limitada. Por ello destaca una característica peculiar: probablemente sea la única vacuna que existe que ha de administrarse cada día, sin excepción.

Esta vacuna consiste en un conjunto de actuaciones que hemos de poner en práctica con nuestra gente para inmunizarnos como grupo o como organización contra los rumores. Aplicarla forma parte ineludible del trabajo de cualquier directivo o de cualquier persona que tenga a otras personas a su cargo. Además, es una tarea que debe realizarse cada día, no de vez en cuando o en un momento de crisis. Como vacuna es muy eficaz, pero caduca a las veinticuatro horas.

Las actuaciones son las siguientes:

1. Conocer bien a la gente

- Conocer individualmente a todas las personas que tenemos en nuestro entorno. Dedicarles tiempo y escucharles con atención para descubrir y entender sus motivaciones. Descubrir qué tipo de comunicación les ayuda o les desmotiva.
- Ir más allá del conocimiento superficial, que se limita a la etiqueta que todos llevamos puesta. Percibir a las personas de forma dinámica, entendiendo que todos cambiamos a lo largo de nuestra vida, que todos evolucionamos. Ser capaces de ver a los demás como personas nuevas cada día.
- Crear la oportunidad y el entorno propicio para conocer a las personas. Salir del ámbito laboral para propiciar este conocimiento. La gente no es distinta

en el trabajo y fuera de él, aunque lo sugieran algunos comportamientos, producto del rol que ejerce cada uno.

Conocer bien a la gente nos permite encontrar las formas de comunicación adecuadas para conectar con ellos, y nos permite también descubrir a los potenciales portadores de virus, aquellos que pueden desencadenar una epidemia en un determinado momento.

2. Conocer las relaciones interpersonales

- Conocer y entender las relaciones que se establecen entre las personas, con el fin de identificar las cadenas de comunicación que funcionan en la actualidad de forma eficiente.
- No interrumpir las cadenas que funcionan de forma natural.
- Fomentar las relaciones entre las personas como estímulo para la creación de nuevas cadenas de comunicación.

Conocer las relaciones interpersonales permitirá identificar los grandes catalizadores de relaciones, quiénes son las pocas personas con un comportamiento social muy por encima de la media y que, por tanto, pueden ser inductores de una buena comunicación... o de una gran epidemia.

3. Conocer los canales de comunicación existentes

- Identificar cuáles son los canales por los que se transmite la comunicación a la gente. Detectar cuáles funcionan y cuáles no, cuáles son aceptados para determinados mensajes y cuáles no.
- Contribuir a crear nuevos canales si los existentes no funcionan o no son los adecuados.

Hemos de mantener los canales de comunicación siempre abiertos y vigilar que nadie quede al margen. Hemos de formar parte activa de estos canales para transmitir la información que queremos hacer llegar y para detectar los primeros virus, adelantándonos a los primeros contagios masivos.

4. Ser transparentes

- Compartir la máxima información posible.
- Dado que no siempre se le puede explicar todo a todos, pensar, en cada decisión o acción que emprendamos, qué explicamos, a quién y cuándo.
- Dedicar tanta atención a las decisiones que se han de tomar como a la estrategia para explicarlas.

Lo que no se dice se suple por la fantasía y alimenta los rumores. No explicar las cosas es el caldo de cultivo preferido de los rumores.

5. Ser claros

- Evitar ambigüedades. La ambigüedad siempre se descodifica como una información negativa.
- Ser explícitos y no dejar ideas a la interpretación.
- Verificar cuál es la información que se ha transmitido. A veces, lo que la gente recibe y lo que nosotros teníamos intención de transmitir no es lo mismo. Y lo que cuenta es lo que la gente recibe.
- No dar versiones diferentes a personas diferentes. Si ofrecemos versiones según la implicación de cada persona, el conflicto —y los rumores— están servidos.

La falta de claridad alimenta los rumores hasta el final de la cadena. El agua que es turbia en su origen, se mantiene turbia hasta el final.

6. Ser rápidos

- Ofrecer la información relevante con celeridad y sin retrasos. Es crucial ir por delante de los rumores con información veraz.
- Transmitir con rapidez y al mismo tiempo la información a toda la organización. Si un grupo tiene una información que otro grupo aún no ha recibido propicia la aparición inmediata de rumores.

Con cadenas de relaciones estables y fuertes, la velocidad de circulación de la información —y por tanto de los rumores— es enorme.

7. Tener valor

- Estar dispuesto a dar tanto las buenas noticias como las malas. Con la misma rapidez y con la misma claridad, aunque con empatía.
- No «edulcorar» las malas noticias ni alimentar falsas expectativas. Utilizar, eso sí, el tono y el ritmo adecuados en cada caso.

Y no olvidar las buenas noticias. Hay que celebrar siempre y de forma inmediata tanto las grandes victorias como las pequeñas. Comunicar y compartir las buenas noticias es una gran fuente de inmunidad.

8. Ser íntegros

- Asegurarnos de que existe coherencia entre lo que decimos y lo que hacemos. Si nuestros actos y nuestras palabras no dicen lo mismo, el mensaje que prevalece es siempre el negativo.
- Mantener el compromiso con nuestras palabras. Todos tomamos nota de los compromisos rotos por parte de la gente que nos rodea.
- No criticar. Hacer observaciones, ayuda. Criticar crea distancia, especialmente cuando juzgamos a personas que no están presentes.

La falta de integridad y las críticas son una de las principales fuentes de rumores gratuitos en las organizaciones, y las responsables de las peores epidemias.

Tener en cuenta estos principios constituye una vacuna muy eficaz. Pero hay que administrarla constantemente en la lucha contra las epidemias de rumores. No existe una inmunidad permanente.

Con todo, hay que tener en cuenta que esta vacuna no protege al 100 %. Continúa existiendo riesgo de infección. Si los rumores consiguen entrar, estas son algunas acciones que podemos llevar a cabo para que los anticuerpos intervengan rápidamente y podamos prevenir un contagio masivo:

Ser más rápidos que los rumores
Una vez detectada la presencia de rumores en la organización, hay que actuar con urgencia. Ofrecer información veraz, clara y suficiente, anticipándose a la siguiente mutación. Hay que objetivar la información con datos reales y contrarrestar la potencia de los rumores con mensajes aún más potentes.

Romper las cadenas de contagio
Actuar sobre aquellas personas que pueden romper las cadenas de transmisión de un determinado rumor. En lugar de llevar a cabo actuaciones a gran escala que impliquen a toda la organización, hay que hacer actuaciones selectivas con las personas clave que pueden parar el proceso.

Luchar contra los reservorios
Eliminar sistemáticamente las fuentes de rumores: la crítica, la especulación sobre las decisiones tomadas, las malas interpretaciones...

No participar en la transmisión de información no contrastada. Y detectar y actuar con aquellas personas que, en cada organización, son grandes reservorios de rumores, analizando los motivos que explican el porqué de su actuación. Sólo así se pueden desactivar.

Epílogo

Boston, Massachusetts
Lunes, 5 de junio de 2006

Stephen y Carol hacían las maletas. Después de recibir la carta de invitación que el director había enviado a todos los huéspedes que aquel mayo de 2003 estaban en el Caneel Bay y habían sufrido la epidemia, la pareja decidió que era el momento de disfrutar de unas vacaciones en aquel paraíso. Lo habían discutido y habían valorado otros destinos. Pero se querían quitar aquella pequeña espina de encima.

Hacía tres años se habían propuesto volver, y ahora se disponían a hacer realidad aquel propósito. Esta vez Stephen estaba seguro de no ser el inocente portador de un virus.

Después del largo viaje con escala en Atlanta, llegaron a St. Thomas y repitieron el trayecto en ferry hasta St. John. La sensación era muy extraña. Todo les resultaba tremendamente familiar pero, al mismo tiempo, sentían la excitación de quien emprende un viaje hacia un nuevo destino.

Al llegar al complejo, se encontraron con un Caneel Bay un poco diferente. Se había remodelado parcialmente, pero mantenía el espíritu que recordaban de la anterior estancia. Les habían reservado una *suite*, cortesía de la dirección. Y estaban invitados a cenar en el Turtle Bay Estate House.

A las nueve de la noche llegaron al restaurante. Habían preparado una mesa redonda para diez comensales. Una tarjeta indicaba el lugar de cada comensal. Muy cerca de Carol y Stephen estaban los nombres del matrimonio Rees, que llegó justo detrás de ellos. Se saludaron efusivamente.

Al lado del director se sentaba un invitado muy especial: el médico del hotel. No pudieron evitar rememorar el episodio de la epidemia. A pesar del mal trago de aquellos fatídicos días, el director les explicó que las cosas les habían ido especialmente bien.

—Salimos muy reforzados de aquella crisis. Descubrimos nuestro potencial como equipo y sentimos hasta qué punto podíamos ir mucho más allá de lo que imaginábamos. La gente mostró lo mejor de sí misma, y hemos conseguido mantener este espíritu. Flota en el ambiente...

La velada fue muy animada, entre conversaciones que no hicieron referencia a la epidemia. No fue hasta la hora del café que Stephen planteó al médico la pregunta que se había estado haciendo durante aquellos tres años:

—Doctor, ¿se ha encontrado una vacuna para el virus de Matagalpa?

Después de una larga pausa, el médico respondió.

—No, todavía no.

—Pero, como mínimo, ¿las investigaciones progresan?

—Me temo que no.

El médico les explicó que el episodio había tenido inicialmente una gran repercusión mediática, un efecto que, desgraciadamente, no tenían los continuos episodios que se daban en otras partes del mundo. «No es lo mismo que el brote epidémico tenga lugar en una zona dejada de la mano de Dios en Brasil, que en un lujoso complejo turístico lleno de huéspedes norteamericanos», dijo fijando la vista en la mesa. Y añadió que, al principio, muchos habían confiado en que la repercusión del caso de Caneel Bay sirviese para que se dedicasen tiempo y recursos para obtener una vacuna que impidiera que se repitiera un brote como aquél, en el Caribe o en cualquier otro rincón del planeta. Pero no había sido así. La atención mediática se desvaneció acabada la epidemia y, al cabo de pocas semanas, nadie recordaba el incidente. El virus de Matagalpa se quedaba sin investigación y sin vacuna, como tantos otros. Y en muchos rincones del planeta continuaría haciendo estragos sin que nadie llegara a saberlo nunca.

Barcelona
12 de octubre de 2006

Es verdad que no me gusta volar, aunque lo hago a menudo, y también es cierto que durante muchos años Düsseldorf ha sido un destino habitual de mis viajes.

Es verdad que tuve la suerte de conocer y disfrutar con mi mujer del paraíso de Caneel Bay en St. John. Una botella de ron en la despensa de casa y la receta original de la piña colada son testigos de ello.

El resto de esta historia es pura ficción. Especialmente el episodio de la epidemia que, por supuesto, no ha sucedido.

A lo largo de toda la narración he querido comparar dos procesos que tienen muchas similitudes: una epidemia médica y una epidemia de rumores. Se parecen en muchos aspectos: en la forma de expandirse, en el mal que pueden provocar en una comunidad o una organización, y también en cómo pueden detenerse.

Pero entre una epidemia y otra hay una gran diferencia.

Las infecciones víricas no se pueden evitar. Las de rumores, sí.

En las primeras se produce un cúmulo de circunstancias que ponen en contacto un portador con un huésped susceptible, y la epidemia se pone en marcha. En las segundas, es necesario que intervenga nuestra voluntad.

Dejar de contagiar un virus está fuera de nuestro alcance. Sin embargo, se pueden dejar de propagar los rumores con un gesto muy sencillo. Antes de hacer circular una información, deberíamos estar completamente seguros de dos aspectos fundamentales: de que la información es absolutamente cierta y de que el hecho de hacerla circular contribuirá positivamente al funcionamiento de la organización. Si no es así, lo que hacemos circular no es información. Es un virus.

AGRADECIMIENTOS

Esta historia ha sido escrita con la ayuda de Joan Ramón-Cortés (investigación médica) y Germán Ramón-Cortés (comunicación personal). Sin vuestra aportación, el libro no hubiera visto la luz.

Agradezco a la Doctora Carmen Biarnés las explicaciones y la paciencia a la hora de introducirme en el mundo de las epidemias y los virus. Carmen, disculpa que mi permisividad creativa haya ido más allá del rigor médico.

A Marta Sevilla y a Judit Mulet, una vez más, gracias por haber dado forma y magia a la historia.